百里香
飲食文學

百里香是藥草也是香料；
英文Thyme源自希臘文Thumos，
意指芳香四溢、香氣襲人。
百里香也是人類廚房裏最早的食材；
西元前三〇〇〇年，兩河流域的蘇美人即開始使用百里香，
醫學之父希波克拉底傳世的四百多種藥草中亦有此物，
他建議人們在餐後飲用它，幫助消化。
百里香也是激發勇氣、增進信心的象徵；
它被繡在羅馬軍人的披肩上激發勇氣，並解百毒以增進信心。
中世紀瘟疫蔓延全歐洲，它是治療疫病的聖藥。

百里香飲食文學書系，
引介中外飲食文學的經典之作，
精選的作家與作品堪稱當代飲食文化的先鋒、
從飲食體現生命熱情的傳奇高手。
一如百里香，我們透過閱讀飲食文學，
激發勇氣，增益信心，
重新開啓知覺與五感，

一家讀書，百里傳香。

牡蠣之書

Consider the Oyster

M・F・K・費雪／M.F.K.Fisher 著
韓良憶 譯

牡蠣之書／M.F.K 費雪（M.F.K Fisher）著；韓良憶譯,
--初版. -- 台北市 : 麥田出版 : 城邦文化發行, 2004[民93]
面；公分. --（百里香飲食文學；1）譯自 : Consider the Oyster
ISBN 986-7691-90-3（平裝）
1.烹飪 2.食譜
427　　92016619

百里香飲食文學 02

牡蠣之書
Consider the Oyster

作　者　M.F.K.費雪
譯　者　韓良憶
主　編　蕭秀琴
責任編輯　羅珮芳

發行人　凃玉雲
出　版　麥田出版
台北市信義路二段213號11樓
電話：（02）2351-7776　傳真：（02）2351-9179
發　行　城邦文化事業股份有限公司
台北市民生東路二段141號2樓
電話：（02）2500-0888　傳真：（02）2500-1938
郵撥帳號　18966004 城邦文化事業股份有限公司
網　址　www.cite.com.tw
電子信箱　service@cite.com.tw
香港發行所　城邦（香港）出版集團有限公司
香港北角英皇道 310 號雲華大廈 4F 504室
電話：25086231　傳真：25789337
馬新發行所　城邦（馬新）出版集團
Cite(M)Sdn.Bhd.(458372U)
11, Jalan 30 D/146, Desa Tasik, Sungai Besi,
57000 Kuala Lumpur, Malaysia
電話：（603）90563833　傳真：（603）90562833
印　刷　凌晨企業有限公司
初版一刷　2004年1月
版權代理　大蘋果股份有限公司
ISBN　986-7691-90-3　

售價：220元　Printed in Taiwan

M·F·K·費雪與《飲食之藝》

張錯

她是當代飲食文化的一則傳奇，橫跨歐美兩陸。美食專家（gastrologist）稱她為指路明燈，甚至是飲食學的「女掌門人」（the grand dame of gastronomy）。甚至，她一手淡逸雅緻小品散文，當年以第二次世界大戰百物匱乏，民生艱苦，巧婦難為佳餚的困境，寫下無數夾雜人情溫暖的省儉菜譜。由此看來，所謂飲食，已不單純指麵包與酒，而是附帶食物一起的歷史文化、社會環境，甚至個人與集體錯綜關係與感情。也就說，M·F·K·費雪（她的全名是瑪莉·法蘭茜絲·肯尼迪·費雪——Mary Frances Kennedy Fisher，因為第一任丈夫姓費雪，但平日仍喜人家呼她瑪莉·法蘭茜絲）已不止是所謂食譜作家。她除告訴讀者如何烹飪，還揉合了個人經驗與時代背景，更以一種生命哲理看待飲食，怪不得詩人奧登（W. H. Auden）讀完她的著述，不禁脫口而出：「我不知道美國當代還有誰能寫出更佳的散文。」

奧登這句名言使費雪如登龍門，自後所有對費雪著作的文評都唯奧登馬首是瞻。其實這句話的來源大有可書之處，一九四二年，正逢戰禍連綿，經濟蕭條，費雪想起童年第一次世界大戰家中主婦省吃儉用情景，感觸之餘寫了一本《如何煮狼》（*How to Cook a Wolf*，以下篇幅簡稱《煮狼》）。狼者，即是童話中那三隻小豬與大壞狼（big bad wolf）。假如我們現實一旦如童話，大壞狼來敲門，我們在家的小豬該怎麼辦？假如現實的大壞狼是民生疲憊，經濟拮据，在家為主婦的小豬又該怎麼辦？飲食到了這種境界，已經不是掙扎求生的果腹，同時更是人類生命尊嚴的一道防線，更也是文明不肯倒退回茹毛飲血的最後堡壘。因此，烹煮壞狼成了每一個家庭主婦（或主夫？）的挑戰，那是如何把壞狼從門外誘進鍋內，透過費雪語言文字的魔力，而煮成一鍋紅燒狼肉。

此書後來在一九五四年與費雪其他四本著作合成一書，名《飲食之藝》（*The Art of Eating*），以下簡稱《食藝》，後來書商幾經轉手，到了一九九〇年，已成麥米倫（Macmilllan）暢銷平裝書。這本早期的「五合一」在英國交由費伯（Faber & Faber）出版，但竟由於某種頗為混亂的政治出版爭執，《煮狼》一書竟然被禁，然而此「四合一」當年出版，由奧登執筆作導言，前述那句名言被輾轉引用。多年後，《煮狼》重新被選入英國版《飲食之藝》。但美國版，導言在一九五四年版本卻由另一名家法狄曼（Clifton Fadiman）

執筆。

英美文壇在五、六〇年代仍然流行以名家導介著作，以求臻達強烈推薦效果。當年此類「名家」，因為閱讀風氣鼎盛，可謂洛陽紙貴，有如明星般架勢，許多更僱有代理人（agent）來接洽寫作業務。據費雪本人後來追述，《食藝》出版時求稿於法狄曼，他的代理人竟開口要五百大元，五〇年代的五百元，大概就是等於八〇年代的六、七千元吧。然亦無他法，費雪只好求助於父親及出版商，雙方分擔一半，方才解決問題。《食藝》後來再版，費雪依然忿忿不平，在序中一再追述當年仳離攜兩女獨自謀生，如何負債累累及一貧如洗，孤立無援，而依然要為這五百大元四處告貸。如今看來雲淡風清，但當年水深火熱卻也刻骨銘心。

現今觀諸法狄曼那篇「導言」，亦是無甚可觀。短短一篇不到二千五百字序文，空虛廣泛，旁徵博引，不過是一些歷代名家說過有關飲食之雋言，儘管另有新意，也不過是假若梭羅不在湖濱茹毛飲血，而有一名法國大廚，他一定不會就在四十五之齡營養不良夭折。蕭伯納如果放棄素食，也許活得比他九十四歲的高齡還要長久。全篇頗令人感到興趣的一段話，是下面的幾行——

費雪太太不是以專家來書寫，而是以全人類而寫，稜角分明，擇善固執，雖有急躁處，卻也氣韻動人。旅歷豐富而四海一家，即使有著許多她無法忍受的事物。她是徹底的人，而不是一個徒具作家虛名的美食家。她有一種內在狂熱，而正是這種狂熱，有別於熱忱或嗜好。

如果費雪知道她要花五百元來讀這段話，她一定不會向父親開口。法狄曼跟著指出，儘管作者如何慧黠把飲食接連人類龐大經驗，他卻不願意讀者單純把她以哲者看待，因為飲食之道，仍在乎實實在在於刀叉鍋盆、雞鴨牛羊、青菜果蔬中掙扎奮鬥，尋求更高之美味境界。

屆此，我們應該稍述費雪身世，以便進一步瞭解她的作品與成長互為表裏的關係。

費雪（一九〇八－一九九二年）本名已如前述，原生長於美國中西部密西根州，八歲隨雙親到南加州的惠特爾市（Whittier）居住，此市即前總統尼克遜生長之地，亦為「教友派」（Quaker）聚居市鎮，想來亦是當然，美國著名詩人約翰．惠特爾（John Whittier, 1807-1892）即為沉默嚴謹見稱之「教友派」詩人，此市應是以他為名。但費雪本姓肯尼迪（Kennedy），應為愛爾蘭後裔，雖信仰天主教或新教派，但卻不屬美國立足多年的本土「教友派」，所以當年來到惠特爾，人生路不熟，只屬暫居性質，怎知費雪的父親接辦了一張本地報紙，自當總裁，竟然業務頗佳，自後四十二年，費雪父親一直留在惠特爾，直至逝世。

費雪像許多美國長大的少女，十八歲高中畢業後便想離家到遠遠的地方唸書，但卻不順利，便又回到南加州，直到她在加大洛杉磯分校（UCLA）唸暑假班時碰到她第一任丈夫亞勞・費雪（Al Fisher），馬上墜入情網，跟隨著亞勞到法國的狄鐘大學（University of Dijon）唸書，在那兒奠基下她對法國飲食的認識與見聞，更直接影響日後寫作飲食文化有關歐美種種習俗認識。三年後，費雪拿了狄鐘的學士學位，他先生拿了文學博士，雙雙回到南加州。亞勞在西方學院（Occidental College）任教，費雪則開始嘗試寫作。

然後就在此時，費雪碰到她的第二任丈夫派瑞許（Dillwyn

Parrish），此人多才多藝，在她生命中可謂佔一大席位，我們在許多日後訪談中隱隱覺得，他可能就是她最深愛的人。但非常可惜，派氏早逝於一種當時無法醫治的循環系統疾病。因為派瑞許，費雪與第一任丈夫離異，也因為派瑞許，費雪後來度過一段非常艱困的單身日子，在好萊塢給大明星寫噱頭對話（gags），一直到她碰到唐奴·佛利德（Donald Friede）而下嫁給他。這時費雪已經是成名作家，目前流行的幾本飲食經典，都在那段四〇年代間出版。但好景不常，一九五一年又與佛利德離異。雖如此，費雪與佛利德（及其新妻子）一生保持良好維繫，也就因為佛氏夫婦任職於世界出版社（World Publishing）而促成費雪於一九五四年把前述的五本著作合成一本《飲食之藝》出版。這五本著作分別為：

1.《逕自上菜》（*Serve it Forth*）
2.《牡蠣之書》（*Consider the Oyster*）
3.《如何煮狼》（*How to Cook a Wolf*）
4.《老饕自述》（*The Gastronomical Me*）
5.《美食順口溜》（*An Alphabet for Gourmets*）

書出版後，費雪帶著女兒們旅居法國南部美食名鎮普羅旺斯（Provence），近年讀過英國作家彼得・梅爾（Peter Mayle）在一九八九年出版的《歲居普羅旺斯》（*A Year in Provence*），中譯本為《山居歲月》，曾於文中讚嘆這片淳樸而未經都市污染的法南美食地區，尤其人情濃郁（鄰居邀宴是非常有趣的一章）、法人對飲食之著迷，以及如何烹調狐狸一段，更令人難以忘懷。觀其文氣，他絕對曾閱及費雪有關飲食著作，或甚至她在五〇年代及七〇年代分別在普羅旺斯地區的種種經歷。

一九七〇年費雪定居於北加州酒鄉附近地區的艾倫幽谷（Glen Ellen），在那兒自己設計了著名的「終老居」（The Last House），並由友人賜地代建，二十多年來讀書寫作，著述等身，訪客不斷，直到九二年去世。

因為費雪著作多達二十餘種，無法一一盡述其中細節，本文僅自其前述生平，配合有關著作內容，勾勒出費雪人如其文的寫作風格特徵。另一方面，費雪逝世後，生平好友鮑勞爾（Lawrence Clark Powell）提供數十年來書函，加上費雪母親亦有收集女兒自幼寄回家中每封信札，於一九九七年出版了一部《M·F·K·費雪函件集一九二九－一九九一》（*M. F. K. Fisher: A Life in Letters*），提供了寶貴資料，此英文書名具有特別雙義，我們可以解釋此書為費雪終生函件，也可以解作費雪終生奉獻在文藝（letters）裏。

《遥自上菜》出版於一九三七年，一炮而紅。那年費雪出書、離婚、並與新歡計畫再赴瑞士居住。此書寫作計畫早自一九三二年，也就是這年她在洛杉磯公共圖書館閒時閱讀烹飪書籍，激發她對飲食文化興趣時，得識第二任丈夫派瑞許，並陸續寫出一系列有關人生與飲食，包括追憶留法種種飲食經驗的文章。費雪出版此書時才十九歲，然而文筆洗鍊，老氣橫秋，令人閱之愛不釋手，拊掌稱善。譬如書開首第二篇〈遙想青春年少〉（When a Man Is Small），便由童年飲食習慣追述到中年發胖的五十歲。她說——

當年過半百，尤其仍要保持可悲的年輕力壯飲食習慣，我們就開始發福。這時即便最笨的人也要注意；但非常不幸，我們太習慣看到中年後發福的人了，於是便要接受雙下巴與大肚皮，認為這是步入老年一部分。

這種文字令人讀後精神為之一振，跟著她繼續調侃男人種種饞嘴窘態，文章結尾時，語調為之一變，意味深長這樣說——

但我們一定會老，也一定要吃。這些事實一旦被接受，男人便應順理成章去愉快學習更好的飲食習慣，而不會年老體胖而因噎廢食，並能兩相調和。

達利蘭（Telleyrand）曾說人生有兩大要事，一是吃得好，二是和女人相處得好。歲月迢遞，塵埃落定，怎樣和女人或友儕相處得好，好像也沒有那麼重要了。倒是對美味那種深遠激賞，卻溫暖長留我們心中。

當然，讀者對費雪文章的興趣，卻不盡在飲食哲理，因為如何烹飪，或飲食內涵都是人之大欲。而費雪也不負眾望，幾篇談法國蝸牛、飼兔待烹、或處女採松露的文章都膾炙人口，為文壇津津樂道。

據費雪自稱，幼時嗜食奇珍異食，但從未想到會去吃那些蠕動濕潮的蝸牛。在法國有兩年，夫婦兩人和本地家庭住在一起，其祖父老爹（Papazi）為烹調蝸牛高手，法國人一年能吃掉五千萬隻蝸牛，許多均是家庭式菜餚。老爹亦不例外，每年早春便慫恿眾人（包括他三個小孫子）一起去「狩獵」蝸牛。但是費雪卻傻呼呼的詢問：

「為什麼不買現成的吃就行啦?」

隨著是一片震撼沉默，小孫子們瞪視著我，老爹的臉變紅而傲慢。終於他的女兒開口反駁，以一種斯文語調對我說：

「噢，太太，老爹泡製蝸牛天下第一!對，儘管店裏的蝸牛味道不錯，但我老爹手法卻是一種藝術!更是一種成就!」

這就是飲食之藝，不只在乎如何終極之吃，還要在乎最初如何尋找，以及如何泡製過程，費雪總算是上了寶貴一課，明白「家廚」與「市廚」的分別。

終於他們等到出外捕獵蝸牛的那一天，等到天色入黑回家，每人都揹著一大袋自林間撿獲的「獵物」，大家歡樂適恆。

第二天一早，他們發現院子裏放了一只大箱子，上蓋一塊大玻璃，黏在玻璃上是成千上百的蝸牛，曬著太陽以取暖，如是一連數日。

老爹解釋說，這是把蝸牛弄乾淨的方法，他們一定要排清體內的毒素——「你可這樣說，它們一定要活活餓死！」

「那要多久呢？」費雪問。

「幾天吧！也許一星期，這些蝸牛滿能熬的。」

幾天後，蝸牛一一跌落箱內，每晚他們都聽到餓得手足發軟的蝸牛，掉落在「黑洞」大箱的聲音，第二天一早，便趕緊去點數「倖存者」還有多少，同時也祈求牠們「早登極樂」好讓大家有覺好睡。

終於天從人願，老爹開始工作，從過沸水以便殼肉分離，到除污去垢，連清擦蝸殼的小彎刷子也是巴黎特製，再把蝸肉塞回老窩，老爹和女兒到菜市場把佐料購備，然後就是費雪和這家庭三代同堂大嚼蝸牛之樂——

當我們終於嚐到這些「金蝸牛」（les escargots），熱燙燙、香噴噴穿在彎叉時，毫無疑問，「飯館蝸牛」只給未能和老爹一起的不快樂人吃，或是給那些毛躁不能等待完美藝術的傻瓜。

中國飲食文化和法國頗有相近之處，那就是除了強調烹飪的種種「藝術」過程外（譬如沈括或李漁的食譜），還有一項——物以稀為貴。費雪描述法式飲食時曾提到松露（truffles），讀者不要誤會二十世紀同名的另一種巧克力糖，大概是襲用其顏色、形狀、及美名。這是生長在地下的一種菇菌，肉眼不能見，而又為天下之美味，兩千年來歐洲人在地中海一帶不遺餘力訓練犬隻與豬豕專門用嗅覺來搜掘此種有些重達兩磅的松露。在法國，除犬豕外，竟還相信處女鼻子能嗅到松露，費雪夫婦有一天和一名法國朋友及越南友人吳保定聊天時，法國朋友娓娓告訴她那時找到一名老處女搜菇的經驗，文詞神態活現，維妙維肖，令人忍俊不絕。

但是在同一文內，費雪提到飼兔宰兔，卻令兔肉饕者大開眼界。人類因為饞嘴肉食，想出種種理由來解釋飼與殺的因果（令人想起魯迅的〈狂人日記〉），養兔亦是如此，必須自娘胎時就餵以牛奶，稍長後，飼以嫩蔬及雜菜沙拉、紅蘿蔔及粟米粒，還不能忘記提供九層塔之類香料，兔子在生時吃進肚子會比屠殺後抹在肚子內更好味道，最後殺兔時最好灌以烈酒，一方面是人道式麻醉宰殺，另一方面也造就上佳兔肉。

所謂老饕（gourmet）並非指貪吃之人，而實是一個有選擇性而懂吃的美食家（gastronomer）。同樣，有選擇性並非揀飲擇食，非奇珍百味不能實其腹。相反，一個美食家對費雪而言是，兼容並蓄，頗有大智若愚，大巧若拙之意。《老饕自述》一書因此不能單純看作飲食文章，其實亦是費雪本人回憶成長期與食物的關係，而在她含蓄清新的散文章句裏，令人覺得食物（food）的描述與食用，是一種龐大隱喻，從而勾勒出人成長軌跡。在此書「前言」中，她強調人家常問她為何要寫飲食文章，最好答案當然是肚子餓，但人與食物、安穩、愛三者密不可分，寫其一均會牽涉到其二，或其三。

因此往往表面只是單純的吃，可是與誰一起吃，在什麼地方或環境吃，吃什麼，均是人與人之間的一種共享（communion）。

她看來是一個喜歡吃蠔的人，因為蠔對美食者是致命吸引力，不然不會寫一本叫《牡蠣之書》的書。然而據她後來的《老饕自述》有一文〈第一隻蠔〉（The First Oyster）內追述，在她十六歲寄宿在天主教女子中學時的一個聖誕節，吃到第一隻鮮蠔，大快朵頤之餘，心中感覺卻溫馨無比——

有一次聖誕餐會，舍監給我們吃東岸鮮蠔，那些蠔還附在原來的貝殼上。

以一九二〇年代早期的南加州來說，沒有比這次經驗更具異國情調了。氣候溫暖怡人，從東部運來的貝殼活海鮮就是一個油田大亨的美夢成真，或是每年只有一兩次，在雨果法國餐館內的一個私家房間，裝飾著粉紅燭罩及一隻金絲雀。當然任何土產軟體是不入流的，而更為「貴客」所摒食。

《牡蠣之書》全書均與食蠔有關，甚至伸延入在東方如何植入養珠在蠔體。所謂考慮（原文書名為*Consider the Oyster*），是指無論在菜單點食或家常便飯，都可「考慮食用鮮蠔」，因為蠔為天下美味，亦為前述所謂美食家致命吸引力。食用不潔生蠔，大則致命，小則腹胃中毒，苦不堪言。然而美食者（費雪文中多用男性的「他」）多以身試法，作者更把食蠔者分成三大類：生食者、熟食者、弗論生熟，唯蠔均食者。以前兩類的生或熟，費雪提供不少精彩食譜煮食，然而提到生蠔，她卻眉飛色舞寫下了「牡蠣的月分」（R is for

Oyster）一文。

章名中的「R」，指的是含有此英文字母的月分，如九、十、十一、十二月，均可生吃鮮蠔而無中毒之虞。然而男人卻偏愛鋌而走險，偏愛五、六月之肥蠔。此雖為毫無根據之事，然而實用不潔生蠔而死，卻也是實情。

據費雪曾在緬因州見一墓碑，上刻：

此乃史嚥珠之墓

因食用壞蠔而薨

C. Pearl Swallow

He died of a bab oyster

（張錯按：上文有雙關語，讀者宜用原文演譯）

費雪繼以幽默語氣謂此君可謂人如其名，然而結局卻是人為食亡（The man's name was good for such an end, but probably the end was not.）。人如其名者，姓嚥（swallow），自然是囫圇吞棗也。然而人為食亡者，即指嚥錯壞蠔也。尤其此人名帶「珍珠」，珠自蠔生，吞珠者，亦即吞蠔也。

閒話休提，雖謂歲尾蠔無毒，並無科學根據，然而箇中確有道理，因為蠔多在五、六月繁殖待產，屆時雖謂蠔肥，然對殖蠔者而言，確有殺雞取卵之害。如果能逃過饕餮五、六月之食劫，自應提倡歲尾蠔肥且無毒之說。

除了以蠔為食，還可以以蠔為味，在這方面費雪帶給西方非常豐富的東方菜餚。她指出，烹飪中以蠔為味者有兩種，一是蠔油，另一是蠔豉，以上二者均是中國南方廣東叫法。有關蠔豉乾吃法，她找到一九二八年紐約麥米倫出版一本叫《中華家常菜》（*Cook at Home in Chinese*），作者為羅亨利（Henry Low），書中有一道「蠔豉鬆」的做法如下：

用料：

1大杯去衣竹筍（切好）
1大杯白菜（切好）
1大杯去皮馬蹄
½杯切碎瘦豬肉
1顆大蒜（壓碎）
1片切碎青薑

2湯匙蠔油
½茶匙糖
½杯水、少量鹽、少量胡椒
½顆切碎之生菜
1茶匙味精
2茶匙芡粉

做法：

將蠔豉泡水5小時後，切去硬塊，再剁成小塊，與其他切碎各物拌好，加薑蒜，味精，胡椒及糖，在油鑊炒4分鐘，加蠔油及水再煮4分鐘；再加芡粉，打糊，拌汁，煮1分鐘。用生菜葉鋪在碟子，然後把煮好之菜倒在葉上。

由於中國菜式的色香味均臻上乘，儕諸各國名菜毫不遜色。同時營養及味道兼收並蓄，費雪對東方食物是頗為注意的，她很早便懂得「魚露」鮮味，並且考證遠早期羅馬人也有同樣強烈味道的調味醬油，而泡製亦大同小異利用魚腐化水，而成精華之方法製成，讓西方飲食大開眼界。這種「中西合璧」的烹飪觀念有如比較文學的世界觀理論，放諸四海皆準，上面提到的蠔油便被她用做調味漢堡祕法，卻也鮮味無比。

然而最值得一提，仍是費雪如何把生命與飲食提昇——化腐朽為神奇。《煮狼》一書是這觀念代表作。前面已述該書之寫成動機，因而「狼」成為一種象徵，具有正反兩面，在童話裏，是衣冠，也是禽獸。在後佛洛伊德的觀念，它也是我們發現自己的一面鏡子，可能每個人心中都有一匹狼，不斷地敲著我們各種慾念大門，甚至更特別指涉食慾，因為費雪引用莎士比亞的話——「食慾是一匹無所不在的狼」（Appetite, a universal wolf.）。但是如何誘導這隻壞狼，讓牠掉進我們鍋子，而不是被牠吃掉，就是飲食藝術。隨著《煮狼》哲學是一種省吃儉用的倫理美德，與戰後浮誇奢侈的飲食相比，更顯得上一代淳樸高貴的一面。費雪在本書之前後記都特別提到，此書是「方法」論（How to）的工具書來解決民生問題之餘，進一步闡述簡單、儉省、適當、滿足，才是煮狼的妙方。因此每章的題目都是「如何」開始，譬如：〈如何捕捉狼〉（How to Catch the Wolf），〈如何燒水〉（How to Boil Water）（殺狼，其實是論煮湯之道），〈如何迎春〉（How to Greet the Spring））（煮魚），〈如何不去煮沸一顆蛋〉（How Not to Boil an Egg）（內有教授煎「芙蓉蛋」），〈如何餓中作樂〉（How to Be Cheerful Though Starving），〈如何宰狼〉（How to Carve the Wolf）（肉食精華，包括牛腦、牛腎之煮法），〈如何令鴿子吶喊〉（How to Make a Pigeon Cry）（包括兔子及野雉），〈如何引誘狼〉（How to Lure the Wolf）（即是如何刺激食慾）以及〈如何與狼共飲〉（How to Drink to the Wolf）（佐食之酒）。

但是最令人感動卻是〈如何活下去〉（How to Keep Alive）中的飲食之藝。假若每人都是走過一段艱苦貧困的從前（使人也想起二十世紀五、六〇年代台灣常用的「克難」兩字），那種窘境而又要張羅飲食，可說得是壞狼已伸了一條腿進門了。費雪假設在一九四〇年代美國（大概一塊錢等於現在九〇年代五十塊左右吧），如果拮据手無分文，就算借來五角錢，也可以活上三天到一星期。她設計了一個用五角錢作飲食的方程式，首先，要能借到烹飪之所，即廚房爐灶之類，如屬租借，大概烹煮食物之煤氣便要花上一角錢。於是剩下四角，再用一角五分買碎牛肉，一角買穀類食物，其餘的一角五分花在蔬菜及紅蘿蔔、番茄之類。然後將各物切或絞碎，按法煮成一大鍋大雜拌（sludge）。這類食物是美國經濟大蕭條（Great Depression）許多母親或妻子養活一家數口的飲食方法。費雪在另一篇文章〈如何餓中作樂〉更直指食藝不在乎如何填飽飢餓，而在乎如何在共食的快樂氣氛與緩慢咀嚼中，享受出美味。

後語

去逐一贅述費雪論食藝之文是沒有需要的，但是經過上面各種輪廓勾勒，我們似乎瞭解到飲食之藝仍是一種人世超越，藉食物種種不同味道或烹調方法來介紹接引，把我們帶到有如中國道家所謂「至樂」或「達生」，或甚至有如莊子〈養生主〉內神乎其技的庖丁，牛刀也好，飲食也好，都能入世，也能出世。

本文為方便，一直以費雪稱呼，其實她一直被人呼為M．F．K，許多南加州居住的人都認識她或收藏閱讀她的著作，譬如南加州大學藝術史系教授烏妮絲．侯活（Eunice Howe）的先生，便曾與亞勞．費雪一同任教於西方學院，而對M．F．K具備豐富親熱感情，我更得承告知M・F・K晚年婉拒加州大學洛杉磯分校頒發的名譽博士學位，算得是對塵世的一種超越與捨棄。

這種從地糧到靈糧過程，也就是費雪一生寫照，使我想起耶穌的話——「我就是生命的糧，到我這裏來的，必定不餓；信我的，永遠不渴。只是我對你們說過，你們已經看見我還是不信。」（〈約翰福音〉六：三十五）

耶穌說上面這番話自有其來龍去脈，自從出道行使第一件聖蹟把水變酒，跟著許多神蹟，無非讓世人明白其背後意義，並非神蹟本身——包括山中聖訓，以五餅二魚餵飽五千人。然而世人依然不悟，以為追隨或找到耶穌後，便可享用吃喝不盡的地糧。殊不知一切食物，猶如肉身，皆是成住壞空，唯有靈糧，才是永遠。因此耶穌不斷解說，有盡生命，所吃亦為有盡食物，人子才是生命的糧，信他才能擺脫飢渴，得到溫飽。

然而我們知道，耶穌在世，即便世人親眼目睹，親耳聽聞，也是不信，更毋論他誕生後的第二個千禧年，眾人鎮日思量仍是如何烹調餅魚香味，研討不外餅魚的多種吃法。因此，M·F·K費雪之所為世人閱讀喜愛，蘊含著多重演繹，至少我們知道，她的著作仍然等待著進一步研讀，以便舔嚐到飲食之藝的另一層境界——味外之味，言有盡而味無窮。

（本文作者為美國南加州大學比較文學教授）

生命華麗的胃口
——M·F·K·費雪的味覺讚美詩

韓良露

一九八六年的夏天，我客居在舊金山。有個週末，當地朋友邀我去索諾瑪郡（Sonoma County）一遊，這是我第一次去到這個隱藏在北加州秀麗的山巒幽谷中的世外桃源之地；當時，索諾瑪還不是非常有名，而它鄰近的那帕谷地（Napa Valley）的葡萄酒鄉也才剛嶄露頭腳，就在那一年，那帕的紅酒在法國舉辦的世界紅酒競賽中竟然打敗了波爾多酒。

索諾瑪也產紅白葡萄酒，但這並非它真正著名之事，索諾瑪最聞名的是幾件和美食相關的事。首先，它是後來逐漸名傳世界的美國新烹飪——加州派食藝（California Nouvelle Cusi）的發源地，那裏有許多隱秘獨特的高級餐館和大廚，走的都是柏克萊大學附近的Chez Panisse餐館般的加州風新派料理的路線。這些餐館不僅強調新的烹調手法，也強調新鮮的、有機的（當時還是十分稀奇的名詞）、本鄉本土的食材選用，因此索諾瑪也成了許多有機農園、牧場、手工食坊的農業天堂，許多受過高等教育的現代農夫，在索諾瑪谷地上種有機蔬菜水果，自已榨橄欖油，做手工羊奶酪，自製果醬、肉派、蜂蜜、啤酒等等，除了供應高級餐館外，也會在週末時聚集在舊金山渡輪碼頭前露天販賣，行之有年後，如今這個週末農產市集已經成為全美最大最有特色的有機樂園。

索諾瑪，這個名詞，在美國已經逐漸地成為美味及品味的代名詞，就如同普羅旺斯（Provence）相對於法國的概念般，索諾瑪代表了某種藉存著美食的追尋去實踐的美好生活。

為什麼非在索諾瑪呢？除了地靈之外，還有另一個重要的人傑因素，索諾瑪之所以在北加州乃至於全美國變成了美食的聖地，和一位叫M·F·K·費雪的女士從一九七〇年起便長居在此大有關係，這位費雪女士當時已是美國飲食文學的的掌門人，她出版了許多關於食藝的文札，從一九三〇年代末期出版後，就徹底地影響了美國同代人對味覺的態度；費雪如讚美詩般的文體，讓味覺經驗在清教徒文化的美國，從單純的口腹之慾，昇華為歌頌生命的拉丁頌歌。

費雪是索諾瑪的活招牌，美食詩人會欽定的住家，必有不凡之處，我們可以說，索諾瑪的美食傳奇和費雪的造就密切相關，但造就費雪成為美國一代的味覺教母的功臣卻是別的地靈之處，即法國的布根地酒鄉和普羅旺斯。

費雪的血液中流有父系那裏來的愛爾蘭的敏感和奔放，卻從小生長在以貴格派教友為主的南加州小鎮，貴格教派是美國清教徒文化的大系，教友崇尚理智、節約、自制的生活哲學，心向理性的希臘哲學家伊比鳩魯，而非感性的戴奧尼索斯。因此，貴格教友的飲食之道以健康簡單為主，像有名的貴格麥許這樣的地方和人情，卻讓性格善感、富有想像力的費雪覺得疏離，費雪曾在文章中表示她一直對童年的家鄉小鎮無法產生歸屬感，也因為如此，她在童年及青少女時期都覺得很寂寞。

費雪內心存有對家鄉的呼喚，卻在她十九歲時和第一任丈夫結婚後搬去法國的第戎（Dijon）時得到了回應。費雪從早年禁閉的飲食口味和疏離的人情環境，去到了充滿了開放的、豐富的飲食驚奇和熱鬧的人際互動的拉丁社會，需要溫暖的費雪藉著各種味覺的體驗和追尋，找到了她精神的原鄉，從此，法國的食物及跟隨食物來的人情成為她一生的滋養。

費雪曾在文章中表示，人有三種基本的需要，即食物、安全感和愛，而對她而言，這三件事密不可分。對於了解費雪一生的人而言，這段話有點哀傷，因為費雪一生在安全感及愛的滿足上實在顛沛，在一九四〇那個年代，美國人離婚的並不多，但費雪卻結過三次婚，期間她最摯愛的第二任丈夫卻因不堪病魔的折磨而自殺身亡，她還曾經生下了一個那個年代視為醜聞的私生女，並且在四十三歲的那一年，成為一個獨立撫養兩位女兒、且不得不面對生活困窘的單親母親。

費雪對愛和安全感的追求歷經考驗，但她對食物的追尋卻從未中斷，事實上，食物乃至於味覺的體驗與滿足已經不再只是口腹之慾，而是生命的原慾了，當費雪說，飲食可以通向生命的歡愉，她說的是一個在生命中餓過的人的領悟，飲食是費雪永恆的家，她在其中找到安全感和愛。

也因為如此，費雪的胃口很大，在她的飲食寫作之中，口腹之慾只是個隱喻，她真正要說的是關於生命的各種華麗的胃口。

費雪有一種本領，可以在談飲食之事時，隨時筆鋒一轉，談起天下事。她的味覺經驗讓她靈思泉湧，從口味心得、飲食典故、烹調原理到人情冷暖、世道順逆、生命思索，處處見其文筆的流麗、心思的敏銳、論世的機鋒。

英國詩人奧登（W. H. Auden）曾為文稱讚費雪的飲食文章是美國當代最佳的散文，奧登有此慧眼，一是看得出費雪散文中的詩情洋溢，二是熟悉歐洲世界的奧登，自然比美國文藝界更懂得味覺書寫的歐陸抒情和哲學的傳統，費雪曾翻譯過法國十八世紀的古典作家布伊亞—薩瓦蘭的《味覺生理學》（*The Physiology of Taste*），她稱呼這本書是「烹飪學的超越性冥思」，費雪且自謂她深受這本書的啟發。

在歐陸拉丁社會和天主教的傳統中，地上的糧食和天上的聖餐存著緊密的關係，法國電影芭比的「盛宴」其實也是一場「聖宴」，壓抑味覺的丹麥清教徒透過味蕾的開口而釋放出生命的歡愉和愛，費雪深通此理，在《牡蠣之書》中，她從蠔身為軟體動物的愛與死開始說起，到各種吃蠔的人生故事以及蠔的各種烹調花樣，蠔在此得到了費雪饕者狂熱的愛，如此被吃，蠔恐怕也心甘情願了，費雪也吃得味蕾和精神同樣心滿意足。

讀費雪的飲食書，讀者的味蕾和精神也同時受益良多，費雪的文體很有能量，各種驚人的譬喻、想像和評述跳躍在字裏行間，例如在《如何煮狼》中，費雪從莎士比亞的「食慾是一匹無處不在的狼」這個譬喻下手，替美國在二次世界大戰物資困乏的時代，找出馴服餓狼的各種克難食譜，像〈如何餓中作樂〉一文中，她提出細嚼慢嚥自有真味之道，讓我想到曾聽王丹說起，他關在大牢期間，從無法下嚥窩窩頭，到尋出一點一點掰小碎粒的窩窩頭，含在嘴中用口水慢慢吞嚼，而覓出窩窩頭最甜蜜的滋味。費雪或王丹懂得餓中找樂子，才是美味真境界，這可非平庸的美食獵奇者可及。

費雪的飲食文學，如今在美國已榮獲桂冠的地位，但這份榮耀得來並不容易，正統的美國文學界，一直存著清教徒的自苦心理，視描寫生命和痛苦的寫作為文壇的正宗，費雪的飲食書寫提供了太多的歡愉，即使她妙筆生花，但美國文化界的正統祭壇「美國文學和藝術協會」卻直到費雪死前一年的一九九一年才把她列入會員。

飲食是平常事，但費雪寫的卻是非常文章，這一點，世人要慢慢地才會了解其中奧妙。

獻給狄爾溫・派瑞許

注：Dillwyn Parrish，一九〇四—一九四一年，畫家，費雪的第二任丈夫，本書寫於派瑞許病重時，並在他謝世不久後出版。

第一個吃牡蠣的人，實在大膽勇敢。

《文雅的談話》，史威夫特

軟體動物的愛與死

……像牡蠣一樣，神秘、自給自足，而且孤獨。

——《聖誕頌歌》，狄更斯

牡蠣過著恐怖但刺激的生活。

說實在的，他活命的機會渺茫，就算他能躲過他自己射出的噩運之箭的突襲，在歷時兩週的無憂少年時代，找到乾淨平滑的棲息所，其後的歲月也會充滿著壓力、激情和危險。

他——然而除了求語句清楚明瞭以外，有什麼別的原因要稱之為「他」呢？幾乎所有正常的牡蠣，在誕生後的頭一兩年，都不知道自己是雄是雌，此時的他頗具雄風，十足陽剛，可是在邁入第二個年頭以後，卻隨時可能開始產卵。假如他是個她，她也會頗具雌風，十足陰柔，因此只要一切順利，而且水溫至少達到華氏七十度左右，那麼單單一個夏季，她便會堂堂產下數億的卵，每次可達一千五百萬至一億個。

美國的牡蠣種類繁多，一如美國的人種。大西洋沿岸的牡蠣居民，幼年和少年時期都任意漂流，在不受保護的情況下隨著潮汐來去，他們連受精時都遠離雙親，因為牡蠣父親都是在水中隨意將精子排放在卵的附近。西岸的牡蠣受精卵則安穩地躺在母殼中特別的孵卵室裏，一躺就是兩個星期。東岸的牡蠣似乎膽子比較大。

所以，小牡蠣是生於水中的。他和來自同一母體的至少好幾十萬個卵，受到身分不詳的父親的精子滋潤後，獲得生命，而在生命初期的五到十小時之間，他充其量只是個幼蟲。他個頭雖小，卻能來去自如……他就這樣自由自在，游來游去，大約兩週，隨波逐流，隨興所至，這時的他，稱為牡蠣苗。

且讓我們感情用事地期望，這個牡蠣苗——我們的牡蠣苗，日子過得開心！在那兩個星期中，他嚐到流浪的滋味，好不逍遙痛快。不過那兩週並不是全然無所事事，因為他在整個的少年時代，都忙著長出一隻強勁的足，並大量分泌一種類似水泥的黏性物質。他要是能思考，恐怕會納悶這是何苦來哉。

兩週期滿，他突然黏附住自己意外碰到的第一個清潔堅硬的物體。他那五千萬個沒被魚吃掉的同胞兄弟，不見得一定會碰到這種東西，那些沒碰上的，就會死掉。而我們的牡蠣苗運氣好，他精神煥發，牢牢地攀附著他的新家，那裏大概會是他一輩子的家。他這時身長約七十五分之一吋，管他到底有多長……總之牠是個牡蠣了。

由於他生做東岸子弟，說不定是青柯提格（Chincoteague）或林哈芬（Lynnhaven）人（注①），所以已找到一處環境幽雅、海水鹹

注①：以上兩地皆位於美國東岸的維吉尼亞州。

度適中的海底，那裏潮汐規律，沒有穢物會污染他，也沒有砂粒會害他窒息。

他在那兒安歇著，左足抓得牢牢的，那足似已變成貝殼，而所有的牡蠣足都會歷經同樣的事。他專心致力於飲水，迅速發展出一種令人羨慕的能力，這麼一來，每當天公做美，水溫保持在華氏七十八度左右，他一個小時便可輕輕鬆鬆地喝下二十六、七夸特的水。他比大多數生物都擅於結合工作與娛樂，從汩汩流過鰓際的水中，篩出美味的硅藻和多甲藻，吃進肚裏。

他的家——我們這會兒講的是居家的牡蠣——是一只裝滿舊貝殼的鐵絲網袋，或是狡黠的牡蠣養殖戶樹立的水泥柱，也有可能是政府以動人的詞藻稱之為「效率特佳的收集器」的東西，也就是敷了一層混合石灰和水泥的有格蛋箱。

不論停泊何方（容我再度感情用事地期望，那起碼會是另一個貝殼，因為我們的牡蠣苗既生做東岸子弟，將無法像日本牡蠣那樣，找到一根竹子，也不能像法國或葡萄牙牡蠣那樣，找到一塊特地為他放置的空心磁磚，因而一輩子也無從知曉那種唯美的樂趣），不論停泊何方，幼苗期都已結束，永不復返。那自在泅水的兩週已永遠地逝去，多憂多慮的成熟期來了，依據理查・薛瑞登（注②）在《劇評家》中的說法，牡蠣說不定會遭到愛的波折。

有一年左右的時間，這個牡蠣——我們的牡蠣——是雄性的，他竭力促使數十萬個卵受精，卻從來不曉得這些卵到底有沒有游到他的身旁。接著下來有一天，從他的雙殼之間，從他寒冷的內臟、鰓和縮皺的體側，母性的渴望浮現了。眾所周知，需要乃發明之母，因為需要，他成為母親。他，搖身一變為她。

注②：Richard Sheridan，一七五一——一八一六年，英國喜劇作家。《劇評家》（*Critic*）是他寫於一七七九年的劇作。

從此，她除了偶爾放個假，再展一點雄風，以免荒廢本領之外，一年會產數以百萬計的卵。她長到約莫七歲時，已是徹頭徹尾的女性了。

她是體形優美豐滿的牡蠣，到了夏天，因天時之助，加上她本能使然，體態更加豐滿。她遊歷過一些地方，因為貪婪的養殖戶為了自個兒卑劣的目的，往往會配合潮汐，將她自水底某處移到另一處。她的身體長成灰白色的長橢圓形，鰓帶著一抹綠色、赭色或黑色，又聾又瞎的軀體前側則長有發育不全的腦子。有陰影閃過，以及有精子出現的緊急情況發生時，她都感覺得到。她敏感的肌肉能察知危險，促使她緊緊閉上雙殼。

對她來講，危險無處不在，被消滅的危機在暗處潛藏。（我們怎能明白有什麼樣的痛苦？我們怎能分辨牡蠣的苦難？牡蠣有腦子的……）她四面受敵，當海星吸吮著她，小蟲在她殼上鑽孔時，她必須像蕈菇一樣，一動也不動地躺在原地。

除了人類這最大的仇敵外，她尚有八大仇敵。人類之所以保護她對抗仇家，只是因為人類自己要吃她。

第一大敵是海星，隨著東來的潮汐漂抵，飢腸轆轆，最後像個醜惡的情人那樣，伸出魔掌緊抱著牡蠣不放，死命要撬開她的殼，而後硬生生地將他的胃插入她的殼中，吃掉她，那景象醜陋極了。牡蠣不見了，徒留空殼坦露在那裏，海星繼續漂流，依舊飢腸轆轆。（人類設法用一種叫做海星拖把的東西來捕捉海星。）

第二大敵差不多一樣兇險，是種叫做「螺絲鑽孔器」或稱蚵螺的螺類，牠在牡蠣殼上鑽出微小的圓孔，顯然很令這可憐的軟體動物煩惱，以致人類特別發明了抓蚵螺的陷阱：裝有牡蠣種苗的鐵絲網袋，但是不怎麼管用，牠猖狂依舊。

接著是會鑽孔的海綿，牠在牡蠣殼各處鑽出細長的小孔，使殼的表面像蜂窩一樣，而牡蠣為了要設法堵住所有的孔，變得又纖瘦又虛弱，往往被海綿從殼外將她悶死。你從而領悟到，露薏莎．梅．奧科特（注③）所寫的「這會兒我開始稍微有一點活過來了，不再覺得自己是置身低潮、病懨懨的牡蠣。」，到底是什麼意思。

還有水蛭和「黑鼓」（Black Drums）。淡菜也會霸佔牡蠣的殼，把牡蠣的食物吃個精光，從而悶死或餓死他們。在太平洋沿岸，學名有點花俏的 *Crepidula fornicata*，也就是舟螺，霸道更在淡菜之上。就連盡本分飛來飛去的鴨子，偶爾也會降落在牡蠣床上，吃頓大餐，給牡蠣帶來災難。

我們說，日子難過，牡蠣的日子更難過。她活得毫無動靜、無聲無息，僅有的依歸是她自個兒寒冷醜陋的形體。她就算逃得過鴨子——舟螺——淡菜——黑鼓——水蛭——海綿——蚵螺——海星的脅迫，到頭來還是會被人一口吞下，因為人的肚子餓了。

遠古人類遺留的貝塚顯示，人類在不比猿猴進化多少時，就已經愛吃牡蠣了。因此人一直悶著頭，拼命投下時間和金錢，思考研究如何保護牡蠣不被吸食、鑽孔和餓死。直到如今，人不論身在何方，要吃到這種雙殼的軟體動物都不再是件難事，根本不必費神去想，牡蠣這些年來冒了多少的危險。那清涼、細緻的灰白色軀體，滑進一口燉鍋之中，滑進炙烤火力之下，或活生生地滑進鮮紅的喉嚨裏，結束。牠一生沒有思想，所歷經的危險卻不少，這會兒牠已經玩完了，我們說不定是牠較好的歸宿。

注③：Louisa May Alcott，一八三二—一八八八年，美國作家，《小婦人》的作者。

安眠餐

對勞力者來講，牡蠣是很不讓人滿意的食物，卻能讓久坐不動的勞心者感到滿足，是有助安眠的一餐。

——《吃的哲學》，貝婁斯（A. J. Bellows），一八七〇年

燉（stew）此字有好幾個意義，它可以指處於封閉的高溫環境中，又悶又熱；或者按英文辭典的說法，指書呆子（swot）。它可以是養魚的水槽或池子，也有妓院的意思。

它可以是一種菜餚，置於加蓋的器皿內，加少許汁液，長時間煨煮。Stew還可能有其他的意思，可是似乎連美國的辭典編纂專家，也忽視此字所代表的一個絕佳意義，他們難道統統沒聽過「燉牡蠣」嗎？

他們兒時在冬季時分，每逢星期天，可能都沒嚐過一種令人舒

適又愉快的晚餐，就是在餐桌上擺了鹹餅乾，還有一大盅熱呼呼的奶油燉牡蠣，而量可豐富呢！

有沒有可能那些愚昧的人長大了以後，從沒到過賓州的道爾斯鎮（Doylestown），去那兒結婚成家或做別的事，因而從未奢靡地坐在當地客棧那燈火昏暗的牡蠣吧裏，看著兩三口小銅鍋在他們面前飛來舞去，煮著他們的燉牡蠣？

有沒有可能那些人在已體會到成年的喜悅，卻還沒老到足以編纂辭典前，從未和幾位好友促膝長談，莊重而愉快地評比自家燉牡蠣的獨門方法？

不但有這個可能，而且說不定事實果真如此。真是可憐哪！不然的話，他們怎會單只寫下「置於加蓋的器皿內，加少許汁液，長時間煨煮」這段不分青紅皂白的陳述，而沒有至少加上「燉牡蠣則是例外」這幾個字？

這個道理，連小孩也懂得。孩子只要早年曾在冬日觀摩過幾次那簡單的烹調過程，便會明白該怎樣煮他的週日晚餐。他也會記得食譜，一部分是因為實在太簡單了，另一部分則是由於，不論他後來活到多少歲數，這份回憶都會讓他益發覺得自己現在，或者以前，真是幸福哪。

燉牡蠣的做法固然簡單，可也有好幾種不同的製法，或稱之為拼湊法更恰當，因為材料幾乎是一成不變的。我看過的食譜所列的材料，都不外乎是濃牛奶、牛油、鹽、胡椒，當然還有牡蠣這幾樣……只有一個食譜例外……可是把材料調配在一起，卻往往會造成老友爭論評比不休，甚至產生不傷感情的歧見。

有些人堅稱，必須先用牛油把牡蠣煎得蜷縮了，才能加到熱牛奶裏面。另一些人說，應該先把牡蠣連同牡蠣汁煮至沸騰了，再把煮滾的牛奶與牛油倒在牡蠣上面。還有些人則認為……不同的家庭和烹飪書都有不同的食譜，以下為其中一例：

§燉牡蠣（注①）

1夸特（注②）牡蠣　　4大匙牛油
2杯牡蠣汁　　芹菜鹽
2杯濃鮮奶油　　胡椒

把1杯牡蠣汁煮至沸騰，滾煮5分鐘後，撇掉汁上的浮沫。加進鮮奶油、牛油，視口味加調味料。用另1杯牡蠣汁煮牡蠣，至牡蠣的邊緣蜷曲（約5分鐘），瀝去汁液，把牡蠣加進奶油汁中，立刻上桌。

這個食譜用了芹菜鹽，這八成不是地方上的習慣，而是某一熱心的家族長期以來採用的小訣竅，此法沿用已久，這會兒差不多已可稱之為「新英格蘭」了。這個做法很像接下來的食譜，加了很多的匈牙利甜椒粉，怪雖怪，卻很美味，此一食譜來自活力充沛的布朗家族所寫的《鄉村烹飪書》。

燉牡蠣（注③）

沖洗1口燉鍋，不把它抹乾，直接放在火上，如此煮牛奶時才不會沾鍋。倒進1夸特牛奶、連汁的牡蠣1打和許多的鹽。以小火煮，當然不能煮沸，偶爾輕輕攪拌一下，查看牡蠣的熟度，牡蠣邊緣快要開始蜷曲時，即刻倒進$\frac{1}{8}$磅的無鹽牛油和至少2大匙的匈牙利甜椒粉。多加點甜椒粉有利無弊，這會讓菜色更鮮艷，並令你覺

注①：見於《新英格蘭烹飪書》。*New England Cook book*,Culinary Arts Press, Reading,Pennsylvania,1936.

注②：1夸特（quart）等於$\frac{1}{4}$加侖。

注③：*Brown's Country Cook Book*, Farrar and Rinehart, New York,1937.

得，早知道的話，應該再多加1倍的分量。繞圓圈轉動甜椒粉和融化的牛油，使湯的表面形成色彩斑駁的誘人圖形，一等牡蠣邊緣開始變蜷曲，立即盛湯。再煮下去，牡蠣的肉就會變老。

據我所知，唯一沒用鮮奶油或牛奶的燉牡蠣，是由三位舉止文雅的姊妹燒的。她們開頭語氣悲傷，但講著講著，突然想起往事，這時某種寧靜快活的氣氛，逐漸自內浮現於外。同一家族的人在相處數十載後，總會有這種情形。在炎熱的加州陽光中，這三位姊妹端坐在桉樹下，儘管歲月滄桑，當她們記起兒時在新罕布夏州，老是在吃燉牡蠣時，終於笑得開懷。

那道菜做法奇異，沒法像加了鮮奶油的燉牡蠣那麼氣派，卻更美味，三位姊妹客氣卻多少有點執拗地低聲表示。她們說，它的氣味更濃，也更細膩……滋味更純淨，更徹頭徹尾是牡蠣的味道。

她們的母親在一口鍋裏融化一大塊新鮮牛油，另一口鍋裏則煮著牡蠣，每人份約一打，鍋中還盛著所有的牡蠣汁，外加清水，每打牡蠣需加約一杯的水。煮牡蠣的湯一開始滾，牡蠣快要蜷曲時，就要立刻撈出，放進溫熱的有蓋湯盅裏，不讓牡蠣真有變蜷曲的機會。再將煮牡蠣的湯燒開，拋入胡椒和鹽，接著將熱牛油澆在牡蠣上面，然後注入熱湯，三姊妹和其他的姊妹兄弟，還有爺爺奶奶，便直接從熱騰騰的湯盅裏取食，配著牛油鹹餅乾，吃將起來。

這裏有一份牛油鹹餅乾的食譜，據此烤出來的餅乾，味道大概很像這三位文雅秀氣的姊妹多年前在週日晚上吃過的餅乾。食譜來源為《治家常識》（注④），它和包裝烘焙粉以及現今所有的玻璃紙包產品差距之大，不可同日而語。同樣的，在一八七〇年時，也沒有閃電戰這回事。

注④：By Marion Harland, *Common Sence in the Household*, Scribner Armstrongand Company, New York, 1873.

§牛油餅乾

1夸特麵粉
3大匙牛油
½小匙蘇打，用熱水溶化

1小鹽匙的鹽
2杯原味牛奶

將牛油揉搓進麵粉中；像做派皮那樣，用刀把牛油切成小粒，混進麵粉中，更好。加進鹽、牛奶、蘇打，混合均勻。和成1顆球，置於灑了麵粉的案板上，用麵擀半個小時，不時翻動麵糰，擀成均勻的1片，厚約¼吋或者更薄。用叉子戳麵皮，以中溫烤至脆硬，置於薄棉布袋中，吊掛在廚房中2天，使其風乾。

（除非你生性固執，或家有一位瘋狂的廚子，否則大概一輩子也沒法嚐到諸如此類的東西。幸好我們曉得，世上還有人不只吃過我們用來配燉牡蠣的那種叫做牡蠣餅乾的無味玩意兒，也嚐過別的東西。）

我吃過最好吃的燉牡蠣，是道爾斯鎮客棧燒的。它之所以那麼美味，很可能是因為我前頭在路上奔波許久，當時的天氣又幾乎冷得讓我眼球發痛。也說不定是由於我很喜歡那個窄小黝黑的房間、靜靜地坐在吧台邊的荷蘭農夫，還有那一股乾淨卻十足陽剛的氣味。凡此種種，都讓我覺得能坐在那兒真是件幸福的事，再加上我早已聽說這個地方，期盼了很久，才等到這一天，心情自然更加激動。基於凡此種種的理由，那牡蠣嚐來遂比我以前吃過的都要好吃，何況，它是真的好吃。

我記得，掌廚的是位清瘦的老先生，他用了三口銅製煮鍋來做菜。他以一種漠然的語氣說，都柏林的燉牡蠣也還不錯，不過當然比不上他做的。他在櫃台後面狹長的走道踱來踱去，邊說邊把一盤餅乾和一大只裝有深色雪莉酒的玻璃搖杯，放在我的面前，眼光則隨時在注意那三口煮鍋，不時走過去搖晃一下鍋子，倒一點東西進去。

他從一大塊冷牛油裏切下一點，放進最小的那口鍋子裏，等牛油熱到冒泡了，將鍋子移置到爐子的後方。他把從殼裏現剝下來的牡蠣，放進次大的鍋中，隨手把殼扔到櫃台下方的垃圾桶裏。第三口鍋子比較深，不像另兩口鍋子那麼淺平，而較像是真正的煮鍋。他倒了一品脫左右的牛奶到這口鍋子裏，煮到牛奶表面開始震動。他以銳利的眼光留心著三口鍋子，所以不論是牛油、牡蠣還是牛奶，全在他的掌控之中。

他燒熱牛油，等到油的泡泡都平息了以後，迅速將它倒在牡蠣上面，不斷地攪動，那手法和聖米歇山一位老太太煎蛋捲的方法如出一轍。如是一分鐘，而非如許多食譜講的三分鐘或甚至五分鐘後，他把鍋中的牡蠣，從他狐疑的鼻前倒入正開始冒煙的牛奶鍋裏，倏地加進紅椒和鹽。沒待我回過神來，我老掛在嘴邊、期待多時的燉牡蠣，便已在我的鼻下，而那位老當益壯的老先生，正站在我跟前，看著我。

我坐著不動一分鐘，一邊等眼睛恢復焦點，一邊聞著燉牡蠣直截了當的香味，他不耐煩了，彈了幾滴雪莉酒到我的盤子裏，暗示我快點品嚐，我照辦。果真像他講的那麼好吃，其味之美，世界之最，而別人以前也都是這麼對我說的……滋味溫和卻有勁道，恬淡且耐人尋味，溫暖如愛，寒冬吃來分外可口。

不過，就像大多數在孩提時代便已嚐過燉牡蠣的人，我依然覺得，要是我因為很想再吃一次這道菜，而自個兒動手烹調的話，那麼我煮出來的燉牡蠣，應該就是我小時候在週日晚上吃到的那一種……而我就常常會做一道來嚐嚐。

這會兒我多長了一些歲數，我知道我們還是做得出和往昔一樣美味的燉牡蠣，只不過用的材料是罐頭牡蠣、市售的牛油和現成買來的牛奶。我不是故意要這麼做，只不過是向時代的進步妥協罷了。然而，儘管我明白這件事，卻寧願照舊認定，童年吃過的燉牡蠣，滋味最美，是夢幻的燉牡蠣。

往日用的是青柯提格牡蠣……假如我能回到童年，並且作起夢來，那麼夢中的牡蠣，也會是青柯提格……活生生的，一感到周遭有空氣在流動時，便會微微地擺動起鰓來。牠們被輕輕地投入熱騰騰的牛奶中，乾淨又肥美……牛奶未經過高溫殺菌處理，不致平淡無味，也未做均質處理，不會變得濃兮兮的、「有益健康」，那是由澤西（Jersey）和更西（Guersey）混種的乳牛所生產的全脂奶。煮著牡蠣的牛奶快開始冒煙以前，在湯面擱幾塊無鹽牛油，灑上鹽和胡椒，這麼一來，把燉牡蠣倒進溫熱的湯盅（質地結實的橢圓形白色骨瓷大湯盅，盅口滾著寬幅的金邊）時，牛油和調味料會同時被倒入盅裏，和牛奶混合均勻。

這時，牡蠣的體形更加豐滿，已熱得透透的，卻依然鮮嫩。那是美味的燉牡蠣，我們佐以牛油熱吐司。如今想要複製同樣的烤吐司，大概比較容易，可是在我的記憶中，這兩樣東西都是那麼可口、那麼令人安慰，且「是有助安眠的一餐」。

牡蠣的月分

此乃史嚥珠之墓
因食用壞蠔而薨（注①）

上面這句話刻於緬因州某處墓園的一面墓碑上，我想那個地方叫做巴黎丘。這位仁兄的名字取得好，很符合他的結局，不過那結局大概不怎麼美妙就是了。

若史嚥珠先生果真因一枚壞牡蠣而命喪黃泉的話，那麼他生前篤定有好幾個小時悲慘至極。壞牡蠣的味道腐臭，因此他只要一吃下去，當場便會明白自己犯了錯。說不定他會稍微有點擔心，不過隨即忘懷此事，吃起其他東西，以蓋過舌頭上那股銅臭味。即使在

注①：英文原名為C. Pearl Swallow，字面意義為珍珠．吞，與其死因有相互輝映之趣。

緬因州，他也可能再多喝幾口酒，好沖淡那個味道。

然而，過了兩個或五、六個小時，他又記起這回事。他頭暈，渾身直冒冷汗，覺得彷彿天搖地動，整個人直打哆嗦。接下來，反胃的感覺像排山倒海一般，一陣又一陣地襲來。他全身乏力，肚子抽痛得厲害，虛弱得差一點連頭都抬不起來。他的腸子翻攪不止，痛得錐心。而且，天哪，他好渴、好渴啊……我快死了，他想。大難臨頭，他仍追悔不已，不敢相信自己竟會這麼倒楣。可是，他還是死了。

他說不定是因為一枚壞牡蠣而喪命，如果牡蠣已經不新鮮，充滿致腐的細菌，這樣的牡蠣的確是壞牡蠣。蘑菇亦可能致人於死。不過，蘑菇和牡蠣有一個共同點，那就是，由於人類的迷信使然，加上這兩者的生命歷程皆具有某種與生俱來的神秘感，因此人們往往冤枉兩者是造成無數痛苦的元兇，把一些莫須有的罪名全都怪在它們上頭。

確實曾有人因食用蘑菇而死亡，因為至少有兩種致命的毒菇，曾被不知是單純無知還是怎麼著的人，吃到肚子裏去。此外，也有人確曾因吃了腐壞的牡蠣而吐得死去活來，最後送了命。

不過，有一點我敢肯定，人常常怪罪蘑菇和牡蠣造成某些病痛，可是有不少別的因素，比方貪食、神經失調或甚至他種毒素，也可能引發同樣的情形。

何況，有誰會刻意去吃壞牡蠣呢？連殼的壞牡蠣樣子又老又難看，聞起來帶著一點銅和腐蛋的氣味。當然，它可能藏在派餡或肉餅中，或者在餐廳裏被加了大量香料的濃醬汁蓋住了。然而即便如此，我想，人除非已經醉得坐都坐不穩，否則他的舌頭會警告他說，事情很不對勁。

（在這一點上頭，牡蠣可比蘑菇善良。最毒的蘑菇可以是最美味的。我要堅持說一句，這種事不常發生。）

萬一有位仁兄的舌頭警告說，他已經吞下了難得吃到的壞牡蠣，那麼他就應該立即離席，做一件包括優雅的女士在內，人人都曉得該怎麼做的事，那就是，處理掉那個東西。

那味道一旦被舌頭嚐了出來，就絕不可能弄錯。假如有人說：「我昨天準是吃到了壞牡蠣……從那時起，就覺得有點怪怪的！」這時你可以肯定，他們一定吃了很多別的東西，而且說不定喝了太多酒，卻絕未吞下那個輕易便成眾矢之的的東西。他們要是真的吃了，立時三刻便會察覺到那個令人不快的真相，因為那股味道實在教人難受……而且在六個小時或更短的時間以內，他們當然就會病情嚴重，甚至一命嗚呼。

眼下，愛吃牡蠣的人大概比以前更多，因為較之從前，如今要把牡蠣從養殖場運送到國內外餐桌，供仍有餘暇享受美食的人食用，可容易多了。

按照老派習慣，得先不怎麼優雅地聞一聞牡蠣，才能把它嚥下，當時亦盛行一口吞下牡蠣，鼻子同時吸氣，動作不可明顯，這樣才叫做有教養。這個習慣如今已幾近絕跡……卻安全多了。

這年頭，餐廳就算坐落於類似棕櫚泉這樣炎熱乾燥的沙漠地區，或類似愛荷華州歐斯卡陸沙這樣遠離海洋的地方，都可以放心地把牡蠣端給客人。馬里蘭州有門路的大亨，盡可將他們當晚要享用的軟體動物，空運至渥斯堡的頂樓華宅或密西根州僻靜林間的簡樸木屋，他們知道，只要有錢，時空距離甚或腐臭細菌的繁殖現象，都不成問題。洛杉磯（你稱之為L•A•）的流浪漢，在大街十幾間低級酒吧中的一間，難得豪飲一番，就著劣級威士忌，囫圇吞下三個連著半邊殼的肥大牡蠣。倘若他們當晚便一命嗚呼，那麼大可肯定死因並非牡蠣。

偏偏人們積習不改，對牡蠣，還有上帝、戰爭以及女性的看法，依然如故。他們明明沒那麼無知，卻堅稱在字裏帶有「R」的月分吃牡蠣並無問題（注②），可是六、七月或五月、八月的牡蠣，卻會要了你的命，或讓你痛不欲生。此說當然是大錯特錯，只不過所有的牡蠣就像所有的男人，在為繁殖後代而盡力幹活後，多少有點虛弱。

數十年前，有個快活的仁兄寫道：

且讓我們歌頌讚美狄密斯托克利．歐席亞，
他在五月的第二天，吃了一打牡蠣……

連政府也告訴我們，五到八月不可食用牡蠣之說乃無稽之談。

「一年四季皆可放心食用乾淨肥美的牡蠣。」官方在一份份的傳單中如是聲明。

醫生也如此對我們講：「搞什麼呀！只要聞來沒有異味就沒事。」大意如此，語句則依個人專業和在醫師協會中的位階，而略有差異。

有人則在論文小冊子中，如此聲明。那小冊子被命名為牡蠣淨化的次氯酸鹽處理法，以商業規模在經次氯酸鈣處理的海水中放流受污染牡蠣從而使之淨化的實驗報告。（公衛署重印652）……5……T27. 6/a: 652。熱心的日本人也持同樣看法，他們對「國際優瑞尹株式會社」（Kokusai Yorei Kabushiki Kaisha）提出一篇定名為《談牡蠣》的論文，語氣出奇坦率，作風可不怎麼東方。

注②：英文中除了June（六月）、July（七月）、May（五月）、August（八月），其他月分字母都有R。

他們一致表示，只要牡蠣健康，隨時吃都無害……誰都這麼講，唯有牡蠣養殖戶除外。

養殖戶會有這種反應，畢竟是可以理解的。他們主要的目標是要養殖牡蠣，收成量越多越好，而健康的雌牡蠣可產約二千萬個卵，因此倘若在它尚來不及產卵前，即將之撈捕出海，養殖戶的損失可就大了。

逢五、六、七月，當然還有八月，幾乎都是各處海岸的海水最溫暖的時期，因此牡蠣自然而然只能在水溫保持華氏七十度左右的這幾個月產卵。為了讓養殖戶收成較好，而樹立一項詭詐的美食規範，是多麼輕而易舉的事啊！

有人打破這項規範，在禁忌的月分買到牡蠣，據這些人說，這時的牡蠣最好吃，味道飽滿且風味十足。牡蠣入口的溫度應比冬季時更冰，而且最好是在度過窒悶的一天後，很晚才坐在幾近空盪盪的小餐廳裏，佐著清淡而冰涼的阿爾薩斯白酒，讓牡蠣滑進肚裏……屋外馬路上二氧化碳的氣味和汗臭味，都隨之消失無蹤，這麼一來，就連大城市的溽暑七月，似乎暫也成了最美好的月分，而史嘸珠先生的魂魄亦得以安息。

調理可口的牡蠣

任何人只要好好的打扮一下，便會覺得神清氣爽、心情愉快。這並不是什麼值得誇口的事。

——《馬丁‧恰佐威》（*Martin Chuzzlewit*），狄更斯

吃牡蠣的人可分成三類：漫不經心、性情爽快的人，只要是牡蠣，照單全收，管它是冷是熱、是肥是瘦、是死是活；只肯生食牡蠣的人；以及第三類同樣一板一眼，堅持牡蠣非得煮熟了才能吃的人。

第一類人士說不定得到的樂趣最多，不過後兩類固執己見的人，卻擁有某種白熱化般熾烈的熱情，是那些全無偏見的人始終感受不到的。

第二類人士獲得不少支持，因為凡是不屬於第三類，亦即最後

一類的牡蠣食家，差不多人人都不會否認，從清涼的海床上採收送到盤中，未經沖洗，未加調味，肥美而健康，滋味細膩的牡蠣，比任何一種經過調製的牡蠣都來得美味。另一方面，牡蠣若已疲於應付過多的關愛，受世俗環境左右而失去勇氣，因而變得委靡不振、鬱鬱寡歡、荒淫敗壞，這樣的牡蠣要是照舊連殼端上桌，簡直是丟人現眼。

這時換第三類人士旗開得勝，這批人盲目地相信，熱度與醬汁可以掩飾形形色色真實或虛構的惡魔。據他們說，任何牡蠣，甚至於來自奧勒岡州海岸的清蒸日本雜種牡蠣罐頭，只要好好加以調理，都可讓人吃了神清氣爽、心情愉快。他們講得有理。

若你不相信「你不懂的東西是無法傷害你」的這句諺語，那麼很不幸的，任何煮熟的牡蠣對你來說都很可疑，而且舊式的屍斂就會躲在每一道煲菜或砂鍋菜後頭，不懷好意地斜視著你。

幸好，發明各式偽裝的過程帶來許多細緻高明的食譜，這和中世紀的情況有異曲同工之妙，當時每逢齋戒日便得守齋的習俗，迫使教會有智之士發明種種辦法，讓蛋和乳酪嚐來有如烤小牛肉。有些烹調牡蠣的食譜，做法雖簡單，味道卻絲毫不遜色，有些則繁複至極，瘋狂的程度不亞於創造食譜的那些胃口倒盡、脾氣暴燥的美食家。

只要你喜歡，有一個食譜相當不錯，做法也很簡單，那就是烤牡蠣，不論稱之為烤牡蠣、焙牡蠣、還是砂鍋牡蠣或其他什麼的，它都是個好食譜。

§烤牡蠣

替淺烤盤內部塗抹牛油，薄灑一層麵包屑或餅乾屑，接著鋪上一層牡蠣，用鹽、現磨的胡椒和一點點的無鹽牛油調味，然後再灑一層麵包或餅乾屑，如是反覆數遍，直到烤盤快滿了為止，頂層灑麵包屑或餅乾屑，還有牛油。倒進足夠的牡蠣汁，潤濕所有材料，放入高溫的烤箱，烤至色澤金黃但尚未沸滾冒泡的程度。

同一道菜，做法千變萬化，初習烹飪的人也好，心事重重又行事匆匆的人也好，都可加以運用變化，舉凡洋蔥片、番茄醬汁、調味香草、芥末醬、鮮奶油，在當中皆可找到安身立命之所。

烹調牡蠣的次簡單做法，大概是炸牡蠣，這也是餐廳最常採用的做法。炸牡蠣也可以很可口，可惜的是，偏偏有那麼多廚子給牡蠣沾了厚厚一層難吃的麵糊，然後扔進污濁的油中，炸成既滑又韌的麵衣，牡蠣就被包裹在這一層劣等的外殼裏頭，無助地直冒蒸氣，無滋無味，且極難消化。

冷藏冰透的牡蠣快速滾上一層麵包屑，然後以迅雷不及掩耳的手法，用上好的油稍炸一下，立刻盛至溫熱的盤子裏，附上料好實在的塔塔醬或檸檬片，不論在哪裏，都是一道好菜。這說不定證明了，樂觀是人類與生俱來的特性，儘管我曾有好幾次在餐廳吃炸牡蠣的可怕經驗，我依然要這麼講。

市面上現在售有好些挺不錯的商品，同樣的，也買得到瓶裝的可口塔塔醬，不過按照下面這個食譜製作的塔塔醬，美味還更勝一籌。倘若你擁有香草園，調製塔塔醬會是件易如反掌的事。沒有的話，自做醬料將有如天方夜譚，不過光想像一下，過過乾癮，還是挺有意思的。

§塔塔醬（注①）

1杯美奶滋
1小匙細香蔥末
1小匙茵陳蒿
1小匙茴芹
1條切碎的酸黃瓜
1小匙酸豆
少許紅辣椒粉
1顆切碎的橄欖
現成的芥末醬（可省）
適量葡萄酒醋

混合除了醋以外的所有材料，接著徐徐加進醋，直到酸度適中，大約需要1大匙。

牡蠣一旦脫離牛油加調味料此一堪稱安全的領域，天地便如穹蒼一般，無限寬廣，人類運用創意巧智，變出一招又一招狂妄的戲法。儘管世上有那麼多可笑的食譜，但有不少食譜雖稍顯繁瑣，仍相當的優秀，而且牡蠣往往能從種種排場和花招中脫穎而出。

用蘑菇和鮮奶油做成上好的醬汁，加進牡蠣，統統倒進烤模中，灑上麵包屑，高溫烤一兩分鐘，偶爾做做這道菜，挺教人愉快的。

亦可做做下面這一道也不大花俏的路易斯安那甘寶濃湯（這道菜帶有十足的地方風味，怪的是，裏頭沒放秋葵），它的做法簡單，味道非常可口，湯中加了番紅花，讓人想起馬賽的魚湯，或米蘭畢菲（Biffi's）餐廳玻璃拱廊下的燉飯。

注①：見於《廚房香草》。Irma Goddrich Mazza, *Herbs for the Kitchen*,Little, Brown and Company, Boston,1940.

§ 牡蠣甘寶濃湯

⅔杯洋蔥細丁
2大匙牛油或上好的橄欖油
4大匙麵粉
2片月桂葉
1小匙鹽

5滴艾凡吉琳辣醬（或塔巴斯可辣醬）
2打牡蠣
1½杯水
3大匙歐芹末
1½至3小匙番紅花粉，
視口味斟酌分量

在厚底的鍋子或砂鍋中，用牛油將洋蔥炒軟，不可炒焦，加進麵粉、月桂葉、鹽和辣醬混勻。

瀝乾牡蠣，保留牡蠣汁，將汁和水徐徐注入前項油糊中，攪拌均勻。煮15分鐘左右，不時攪動一下。

加進牡蠣、歐芹和番紅花，拌勻。一等湯開始沸滾，立刻盛入大碗中，連同1大盤香鬆的熱米飯，上桌。將飯分盛在大的晚餐碟上，澆上甘寶湯。

或者，循著自然演進的軌跡，逐漸遠離簡樸，趨近巴洛克風格，做做看摘自《御膳》（注②）書中的這個食譜。它的做法雖然瑣碎，一會兒要點這個，一會兒又要點那個，卻很美味……提供食譜的，是紐奧良名店安東餐廳那位臉形細長的少東洛伊・艾爾奇亞托瑞（Roy Alciatore）。這使得這份食譜三倍值得珍惜（從而也說明了，一道小菜怎麼會用到那麼多種醬料）：

§福煦式牡蠣（Oysters à la Foch）

在1片吐司麵包上鋪薄薄一層的香腸碎肉，置於烤板（salamander）下方。炸好半打的牡蠣，放在吐司上，以3比1的比例，混合西班牙醬汁和番茄醬汁，在其中加入1大匙的歐蘭德蛋

注②：Merle Armitage, *Fit for the King*, Longmans, Green and Company, New York, 1939.

黃醋汁（Hollandaise sauce）、少許英式辣香醋（Lea and Perrins sauce）和少許雪莉酒，攪勻後澆在吐司上的牡蠣，上桌享用。

這個食譜似乎不大可能應用於一般人家的廚房，儘管如此，比起從黎希留（Richelieu）的大廚到克勞斯比．蓋吉（Crosby Gaige）都提過的一套做法，它還算是小巫見大巫。那做法就用一樣東西套住另一樣，如此套個不停，直到最後的成品簡直龐大如象，然後整個烤熟，最後一層層地剝除，只留下最裏頭的那樣東西。比方說，你可以從一枚牡蠣開始，把它塞進大的橄欖裏，再把橄欖塞進蒿雀體內（萬一你來自窮苦人家，蒿雀是種體型很小的鳥，俗稱「花園雀」），然後把蒿雀塞進雲雀腹中，等等。臨了，你會有一枚烤牡蠣，或者說不定還會引起一場社會革命。

我所聽過最能引發暴亂的食譜——假如暴民當時願意傾聽的

話，是一位面色慘白的老先生在台面下（或可這麼說）告訴我的。這位老先生在哈布斯堡統治末期的歐洲，曾數度統領管轄王室富冑的廚房。據知，他是俄羅斯人，我認識他時，他在法國土倫開了一家小小的館子，常客都是土耳其和埃及的富豪，他們會在三天前訂席，然後乘著十二輛勞斯萊斯前來。老先生就靠喝美國琴酒摻蘇打水維持生命。

他看待美食，就像有些男人看待美麗的壞女人那樣，談話的內容不脫他燒過的菜餚，泰半是一連串充斥著漫罵和詆毀的小故事。大多數老色鬼在色瞇瞇地追憶他們上下其手過的少女時，用的就是這種語氣。

下面列出他的「巴柴納式牡蠣」（Oysters à la Bazeine）食譜，內文已清除了他以多國語言講出的淫詞穢語。結婚甫三週的新嫁娘，要是只愛在小廚房裏煮煮弄弄一些漂亮的菜色，顯然不宜試做此食譜。

§巴柴納式牡蠣（或Honi Soit Qui Mal Y Pense）

備妥適量的貝夏美醬（sauce Béchamel）、蘇比斯醬（sauce Soubise）和白醬（velouté）。〔食譜見於艾斯科菲耶的《烹飪指南》（Guide Culinaire）、杜馬斯的（Dumas）《烹飪大辭典》（*Grand Dictionaire de Cuisine*），或甚至安德烈・西蒙的《法國菜》。〕

用細香蔥末、牛油、米麩烹製油糊。置旁備用。

將松露片削成如紙片般細薄，接著切割成海豚、螃蟹和其他海中生物的形狀。置旁備用。

用葡萄酒高湯（court bouillon）溫煮溪鱒，高湯不用一般的葡萄酒和水烹煮，改用不甜的好香檳，溪鱒最好用活魚。置旁備用。

製作醃汁，用好醋，而非一般的酒醋，用它來醃泡巴馬火腿丁幾小時，或泡至火腿丁呈現紅色的光暈。撈出瀝乾，置旁備用。

用史特拉斯堡鵝油，把上好的白麵包厚片煎得通體金黃，做成香脆麵包片，毋需置於一旁。

而要立刻放在溫熱的盤上，在每片麵包上先塗一層貝夏美醬，再抹上油糊，將鱒魚小心地置於其上，抹上一層蘇比斯醬，接著灑上巴馬火腿丁，然後薄薄塗抹一層白醬，鋪上繁盛的花式松露片，立刻搖鈴上菜，佐以不過分張揚、品質極佳的八〇年分Sainte-Croix du Chateau Pinardino。

或者吃炸牡蠣配啤酒。

取三百枚乾淨的牡蠣

冬日早餐通常先上牡蠣……
其實，它們幾乎是不可或缺的。

——《老饕年鑑》，一八〇三年

成百上千年以來，人類一直認為牡蠣具有種種效用，牠能催情壯陽，也能發揮更純屬實際的功能。總歸一句話，牡蠣對你有好處。

餐廳、酒館，甚至政府都推出各式各樣動人心弦的宣傳，千方百計要告訴你，為什麼該吃這種軟體動物。其實，就算不作廣告，人類在千千萬萬年以前就嗜食牡蠣了，到現在都愛吃。

牡蠣有益健康又營養，含有各種化學元素，比方氧、氫、氮等，這些氣體會定時出現在你的體內，要活下去，非得有它們不可。牡蠣含有種種維生素，會使你身強體壯、充滿活力，有所謂的

「助燃價值」。牠們能預防甲狀腺腫，使你牙齒強健，讓你的孩子不會長出O形腿，等孩子長到青春期，牡蠣能使他的皮膚如夢中白馬王子般，白皙純淨又迷人。牠們能讓你更長壽……

還有……

在所有的食物當中，牡蠣的含磷量最高！

人類千百年以來一直相信，磷能補腦，而且是最重要的補腦聖品，牡蠣公司的宣傳人員，甚至幾位頗富聲譽的科學家，也如是有云。此說歷史久遠：西塞羅就為了讓自己更辯才無礙而食用牡蠣，古人吃牡蠣既講究口腹之樂又注重純粹的衛生，手法之冷血，簡直駭人聽聞。

早在西元十五世紀以前，人們即為了增進智力而食用牡蠣與他種魚類。到一四六一年以後，法王路易十一世更下令大臣必須吃牡蠣，至少受到他的號召、從各方前來投效的那批有識之士，每天都得吞下一定數量富含磷質的牡蠣。

御醫徹底統治了國王，國王則徹底統治御前的那些蘇格蘭人、義大利人和葡萄牙人。既然路易王遵醫囑食用牡蠣，全法國有影響力的人士，儘管並非衷心悅服，仍發揮政治智慧，群起效尤。而法國真正的智者，也就是索邦（Sorbonne）大學的教授們，則甚至無法佯裝政治已走上了他們的餐盤。

路易主張，教授智慧越高越好，因為他們代表的可是「偉大的國王」，皇上本人哪！因此他分外留心，就怕他們令他失望。不管教授願不願意，國王每年都會設宴款待他們一次，席間不但一定得吃牡蠣，且得吃很多。這乃是為了讓教授腦筋變聰明，等大功告成了，他們還得繼續保持！

過了不久，到了伏爾泰、波普和史威夫特（注）的時代，一般

注：三位皆為十七世紀末、十八世紀初的作家。

把牡蠣當成開胃小點，而非正餐，因此在宴會上，常有每位客人各來十或十二打牡蠣當「前菜」的情形。有份古老的食譜一開頭便吩咐：「取三百枚乾淨的牡蠣，扔進裝滿上好牛油的鍋中……」有位名叫馬歇．涂戈（Marshal Turgot），老是飢腸轆轆的仁兄，在他境況較優裕的年代，早餐前要吃下一百枚牡蠣，以刺激食慾。

當聲名狼藉的「德魯利巷吹口哨的牡蠣」（Whistling Oyster of Drury Lane）酒館開始天天在酒吧供應牡蠣（一想到這種貝類產季有限，可真讓我們狐疑良久），一批批飢餓卻愉快的聽眾蜂擁而來，食用牡蠣的不再僅限那些愛擺派頭的人，連平民大眾也覺得牡蠣是生活必需品，更不用說中產階級的人了。

說實在的，自此以後，幾乎每位西方男士，只要有點錢，有點閒，便有能力吞下一定分量的磷。只要牡蠣新鮮乾淨，管它是補了他的腦子、肚子，還是他最私密的部位，都行。

活力補品

誠徵廚師，白人，須了解牡蠣，下午一時後至東艾勒蓋尼八百四十七號伊立夫宅應徵

刊於費城詢問報的一條廣告
一九四一年三月

活有幾個因素決定牡蠣的滋味好壞。首先，只要牡蠣新鮮肥美，便會好吃，就是這麼簡單……所謂好吃，即，品嚐者嗜食牡蠣。

然後，味道嚐來會像青柯提格、藍點（blue point）、路易斯安那灣流的淡味牡蠣，或說不定像是西海岸所產帶有金屬味的奧林匹亞（Olympia）種小號牡蠣。那牡蠣也可能直接來自冬季時分法國小鎮的攤位，味道純正濃烈，攤子上的葡萄牙種（Portugaises）和嘉倫種（Garennes）牡蠣，堆疊成人字形，對牡蠣一無所知的人看

來，青綠的色澤有如死亡的顏色，滋味卻是加倍可口。它們嚐來亦可能紮實而肥碩，就像樸利茅斯一帶的英吉利種。

接著下來，牡蠣嚐來會是品嚐者所預期的滋味，至於是什麼滋味，自然完全因人而異。我呢，自十七歲以來便預期，只要是牡蠣，嚐來都應該美味可口，而除了極少數的例外，牠們真的都很美味。同樣的，有些人就算鼓起勇氣吞下這些貝類，也會等著自己出現大吐特吐的激烈反應，並且果真反胃作嘔起來。

吃牡蠣可以純粹為大啖牡蠣的肉，比方連著半邊殼的生蠔或甚至煮熟的牡蠣；也可以是為了要吃它的醬料，比方洛克斐勒牡蠣和從這道菜衍生出來的各式菜色；亦可把牡蠣當成調味料……好比說，牡蠣填料。

牡蠣填料當然是拿來填火雞的，就美國人所知或所關心，它跟玉米棒以及蒸白冠雞一樣，是十足道地的美國菜。許多家庭的聖誕晚餐非得有它不可，因此餐桌上要是少了牡蠣填料，就像媽媽竟穿著緊身裙上教堂，或吉姆叔叔帶著風騷情婦參加孩子的野餐會，顯示這個家庭正在分崩離析的確鑿證據。

桌上少了牡蠣，也可能代表家庭財務出了狀況，因為沒多久以前，人們仍得千里迢迢地將牡蠣小心運送到愛荷華和密蘇里那些有錢人家，好讓他們得以挾佳節填料而自重。皇天在上，牡蠣可不是人人想買就買得起的，因此節日餐桌上要是有這種貝類，會讓中西部的人比新英格蘭的居民更感自豪。

說不定是因為當時，等牡蠣好不容易運抵皮若亞（注①）時，皆已失去最初的鮮度；說不定是因為在以往，遠離海岸的內陸居民都不知道拿殼怎麼辦才好。不論原因何在，中西部的人從前只吃熟

注①：Peoria，伊利諾州地名。

牡蠣……大多數人如今依然如此。姑且不管有無證據，一般似乎都把火雞填料劃歸為中西部菜色。牡蠣在這道菜裏，是調味料，就是這麼簡單。

從新英格蘭出版的烹飪書，到密西西比州小鎮的婦女救濟會、互助協會一年一度用泛黃紙張發行的小冊子，都刊載了不少食譜。所有的食譜一致認同，火雞填料中如果要摻牡蠣的話，那麼幾乎是只愁不夠，不可能嫌多。

做法當然有所差異，所以，某一份食譜會講：「將半打充分切碎，均勻灑在麵包屑上。」另一個食譜手筆較大，建議說：「用個頭大且豐滿的藍點填滿鳥腹。」不過，下面這個摘自穆迪夫人（Mrs. William Vaughn Moody）所著《烹飪書》（注②）中的食譜，倒是不偏不倚，做法中庸：

§火雞或他種禽類的牡蠣填料

1½夸特可口的牡蠣
1夸特稍微炸過的麵包屑
1夸特牡蠣汁
鹽、胡椒、芹菜鹽和匈牙利甜紅椒粉

將牡蠣自殼中挖出，和麵包屑、牡蠣汁以及調味料混勻。

容我引用布朗一家人在他們的《鄉村烹飪書》中寫的一段話：「牡蠣填料說不定是最好吃的填料之一，不過要拿來和牡蠣以及牡蠣汁混合的麵包屑，非得浸足了融化的牛油不可，凡是要填火雞的麵包屑，都一定得這麼處理。」至於我自己，我也愛在麵包屑裏混

注②：*Moody's Cook Book*, New York, Charles Scribner's Sons, 1931.

進起碼一杯的芹菜末，而非穆迪夫人用的芹菜鹽。

梅樂．阿米塔吉和他的夫人寫的那本《御膳》中，有一個食譜手法較不傳統，可是對無意莫名其妙地掩飾牡蠣蹤跡的人來講，卻是相當好的做法。菜名簡單明瞭，就叫：

§牡蠣填料

將若干薄片麵包烤黃，塗抹牛油。把兩片麵包塞進火雞腹內，在麵包片上厚厚鋪一層用鹽、胡椒和檸檬汁調味過的牡蠣，還有數塊牛油。在這層牡蠣之上鋪兩片麵包，如前再鋪一層牡蠣。末了會產生可口的味道。

在這兩個食譜之間，大概尚有上萬種變化的做法。不過，用牡蠣來調味，對我們來講，並不是新鮮事，而中國人更已行之數千年之久。

他們大概是最早拿這種軟體動物來調味的民族吧。如同不少古怪而有趣的東方習俗，此一手法代代相傳已久，因此最老的烹飪書中記載的食譜，和今日的香港人，以及大英帝國其他前哨站廚房裏昏亂的金髮新娘用的食譜，差不多一模一樣。

中國菜裏用來調味的牡蠣分成兩種，一種是乾的牡蠣，叫蠔豉，另一種名為蠔油，像極了我們老式的牡蠣醬汁，因此我納悶，牡蠣醬汁是不是那些勇敢的老船長從東方帶回來的，他們的魂魄至今猶在尋尋覓覓，想要找到一條經過爪哇角的西北航道。

瑪麗翁・哈蘭出版於一八七三年的《治家常識》，有一個食譜相當好，美味大概不遜於任何美式牡蠣醬。只是，其他比較近代的食譜不像她那樣對酒敬謝不敏，較樂於捨醋不用，而將每一夸特的牡蠣，改配以一整夸特的雪莉酒。底下是哈蘭夫人的食譜：

§牡蠣醬汁

1夸特牡蠣
1茶杯蘋果醋
1茶杯雪莉酒

1大匙鹽
1小匙紅辣椒粉以及若干豆蔻

牡蠣切碎，以牡蠣汁和1茶杯的醋煮，一有浮沫出現便撇掉。（就是在此處，天不怕地不怕的現代人，比方寫《鄉村烹飪書》的布朗家族說：「每1品脫的牡蠣加1品脫的雪莉酒，煮至沸騰……」。）滾煮3分鐘後，用毛布過濾，把湯汁再放回爐上，加進酒、胡椒、鹽和豆蔻，煮15分鐘，等牡蠣醬汁油冷卻以後，裝瓶，栓上軟木塞。

中國菜權威羅亨利（Henry Low）先生，談及一種蠔油——就我們所知的差別來看，那說不定就是哈蘭夫人的牡蠣醬汁——說它

「配上冷的白煮雞肉很美味」。這句話雖然有些怪探陳查理的味道，然而所言甚是。

他的著作《中國家常菜》（注③）收有至少一篇以蠔乾為材料的食譜，這一點也頗值得稱道。在美國，幾乎任何一家東方雜貨店，都買得到蠔乾，它們很像如今在雞尾酒會上常見的燻牡蠣，個頭小而乾縮，插著牙籤，得配大量的酒，否則嘴裏會有股不大好的味道，可偏偏酒也同樣會在嘴裏留下一股味道。或許可用我們的燻牡蠣來代替蠔乾，不過燻牡蠣大概用不著先泡水。不過，也說不定我的看法有誤。

無論如何，羅先生的食譜如下：

注③：*Cook at Home in Chinese*, The Macmillan Company, New York, 1938.

§蠔豉鬆

½磅蠔乾
1杯竹筍，剁碎
1杯白菜，剁碎
1杯苧薺（馬蹄），削皮剁碎
½杯瘦豬肉，剁碎
1瓣蒜頭，壓碎
1塊生薑，壓碎
2大匙蠔油

½小匙糖
½杯水
少許鹽
少許胡椒
½顆波士頓生菜，切絲
1小匙味精
2小匙玉米粉

蠔乾用清水浸泡5個小時後，切除太硬的部位，剁碎。混合所有剁碎的材料，加進薑、蒜、味精、鹽、胡椒和糖。倒進充分抹了油的熱鍋裏，燒煮4分鐘。加進蠔油和水，再煮4分鐘。倒進加了水調成稀糊狀的玉米粉，翻炒1分鐘。在盤上鋪生菜絲，把炒好的蠔豉鬆倒在生菜上。

這道異國風味十足的蠔豉鬆，和辛香的洛克斐勒牡蠣，看來有天壤之別，其實不然。兩道菜的主材料都是各式香草，香草構成兩道菜餚的主要風味，相形之下，牠們存在的理由，也就是牡蠣，反而沒那麼重要。不論是在重慶或舊金山陰暗的廚房裏，備置「又乾又臭」的香草，還是在紐奧良準備新鮮的香草，調理香草的過程都務必講究，馬虎不得。

有關洛克斐勒牡蠣的傳說實在太多了，因此沒有人敢講他認為哪一版本屬實。同樣的，也沒有人會蠢到去聲明某個食譜才是如假包換的洛克斐勒牡蠣，因為每一位老饕，只要曾在聖路易街安東餐廳那令人發思古之幽情的餐室裏用過餐，在嚐過通常不只一回，而是三、四回這道菜以後，都會以為，自己終於挖掘到秘密啦。

說真的，就像他的祖父和父親，艾爾奇亞托瑞先生也能傳承美味，讓他家的洛克斐勒牡蠣口味始終如一。那裏的牡蠣之所以赫赫有名、名副其實，說不定就是這個緣故，而不是什麼特別的秘方。其他餐廳也有各自的做法，價錢可能便宜一點，或甚至貴一些，菜的賣相則和安東餐廳的差不多。可是別家賣的往往很不可靠，牡蠣底下墊著的岩鹽有時是半吋厚，有時一吋；牡蠣上面如軟翠綠毛毯的醬料，有時顏色很深，有時則色淡且斑駁，這當然會使得整道菜的味道出現差異。

成功的秘訣表面上困難，實則簡單。紐奧良羅斯福大飯店的酒保，也掌握著同樣的秘訣：那兒的調酒品質卓越，始終不變。飯店的宣傳廣告說，只有他們才調得出正宗拉莫斯泡泡琴酒（Original Ramos Gin Fizz），亦即那種細膩順口的酒飲，在燠熱的灣流沼澤地帶無數個食糧匱乏的漫長夏季，這款飲料曾滋養許多記者、政客和其他的人類。

有一回，我基於研究目的，刻意不在神聖的羅斯福大飯店喝拉莫斯泡泡酒，而跑到別處去喝了兩杯，真的好難喝啊。我回到飯店，以渴望的眼神注視著老酒保，把這個那個各倒了一點進搖杯裏，接著把搖杯遞給一位孔武有力的年輕人，後者是首席搖酒師。我從而下了定論，所謂秘訣，並不是什麼神奇元素，比方濃縮風乾的瓊漿玉液，或幾滴拉莫斯春藥，而是一絲不苟、不慌不忙，以及絕不更動的配方。

我證實了這項理論，這至少挺讓我自得其樂的，只要一絲不苟，達到一定程度的不慌不忙，我也能按照索拉利商店於一九〇〇年印製的方子，調出拉莫斯泡泡酒。只要張羅到橙花露，調法並不難……恕我放肆無禮，它和羅斯福大飯店搖出的任何一杯拉莫斯，一樣好喝！

洛克斐勒牡蠣儘管威風十足，充滿各種傳說，但若想如法炮製，並非不可行。奇蹟在於，自從前兩位艾爾奇亞托瑞先生於一八八九年在安東餐廳推出這道菜以來，它一直都很好吃。大概可以放心大膽這麼講，那就是多年以來，這道菜未曾做過些微更動，因此洛伊先生得以在攝影師和手捧酒籃的侍者領班簇擁下，安心地坐下，享用該店第一百萬份洛克斐勒牡蠣，當他取用第一枚多汁味美的牡蠣時，那張智慧的小臉上，只有一抹微乎其微的疑慮之色。

這副畫面被印成明信片，送給在安東點用洛克斐勒牡蠣的客人，每張明信片上都蓋了一個號碼，註明你吃的這道名菜，是該店供應的第幾盤。昔日，巴黎（不然會在哪裏？）的銀塔餐廳也是這樣，把你吃的鴨子都編了號。這種做法雖然有點裝腔作勢，卻滿可愛的，即使照片底下印了一行斜體字：烹調法乃神聖的家族秘密，絲毫也無法減損這種討喜的感覺。

雖然這種莊重的語氣，同樣很討人喜歡，但它實非裝腔作勢，只能說是過於誇張，因為路易斯安那的美食家說，不少私家廚師的食譜和安東餐廳的一樣好，只不過艾爾奇亞托瑞家族在這裏那裏，所用的作料可能不只半小匙，而用了¾小匙。

下面抄錄的食譜，取自《南方流傳兩百年以上的紐奧良著名老菜食譜》（注④）：

§洛克斐勒牡蠣

從單邊的殼中挖出牡蠣，沖洗乾淨，瀝乾，再放回殼中。在盤子上鋪約半吋厚的岩鹽，預熱。把連殼的牡蠣放在熱鹽上，置於炙烤火力下方烤5分鐘。澆上下面介紹的醬汁和麵包屑，放進熱烤箱中烤至表面焦黃。趁熱上桌。

注④：*A Book of Famous Old New Orleans Recipes Used in the South for More Than Two Hundred Years*, 在索拉利商店與紐奧良其他商店有售。

§洛克斐勒牡蠣醬汁

1杯牡蠣汁
1杯清水
¼把紅蔥頭
1小枝百里香
½杯輾細的麵包屑，烘烤並過篩

1盎司聖香草大茴香酒（herbsaint）
1杯上好的牛油
¼把菠菜
1大匙英式辣香醋
2小枝西芹

切碎所有的蔬菜。混合清水和牡蠣汁，滾煮約5分鐘後，加入菜末，煮20分鐘左右，或直到濃縮有如濃醬汁的程度。

加進牛油攪拌，等牛油融化了便熄火，加進大茴香酒，把醬汁澆在盤中的連殼牡蠣上，灑上麵包屑，放回熱烤箱烤5分鐘，趁熱整盤上桌。

〔聖香草是南方產的一種甜酒，原料有多種香草，主要是大茴香，因此味道很像西班牙小酒館以前有賣的那種色澤清澈的莫諾大茴香酒（Anis Mono），或甚至像法國茴香酒。有人說安東餐廳拒絕在洛克斐勒牡蠣中加這種酒，實情如何，我不得而知，不過我想事實應非如此。」

姑且不提安東的主廚卡密．阿維納（Camille Averna），艾爾奇亞托瑞先生本人要是看到這份食譜，極有可能會大搖其頭，說不定甚至會發出噓聲。然而，是神聖的家族秘密也好，不是也罷，我依舊認為，任何一位優秀的廚師，只要技術精良，最重要的是，始終保持耐性，便可做出和安東餐廳一樣好吃的洛克斐勒牡蠣，兩者相像的程度，一如天使彼此相仿的程度。

問題在於，有誰想要這麼做？你說不定是安東的常客，或只光顧過一兩回。那間以明鏡為壁、裝潢清簡到近乎樸素的用餐室，帶著一股令人無法抗拒的迷人氣氛；煤氣燈的藍焰整晚閃爍不定，電燈隨著烹製火焰可麗餅和惡魔燒酒咖啡（cafés brûlots au diable）的火光而忽明忽滅；掌櫃的座椅高踞在餐室後方；喜怒不形於色的侍者身手敏捷，他們忙裏忙外，進進出出，通往餐具間的迴旋門隨之時敞時閉，讓人得以看見葡萄酒杯井然有序地排列在櫥櫃，熠熠發光：凡此種種都使得家族的秘密比任何食譜都來得寶貴，並意味著，被蒙在鼓裏的業餘美食家，獲享無法言喻的樂趣。

不論是「俄國沙皇之弟、亞歷西斯大公」之流者，是辛克萊・劉易士，還是「無名小地方的無名小卒」，所有的人都能在安東找到值得懷念的東西，那說不定是他們從來不懂、卻覺察得到的事物，因此客人在那兒用餐時，會感到舒適而陶醉。洛克斐勒牡蠣和鮮干貝，看來像帶有魔力，掌廚者把每一位飢渴的客人，當成世間第一位也是唯一的美食家，秉持著愛心和耐心，烹製佳餚。佳餚的烹調過程這麼冗長囉嗦，還是留給大廚卡密・阿維納大顯身手吧。

別人只要有決心，又握有和艾爾奇亞托瑞家的食譜差不多一模一樣的方子，大概便可燒出同樣好吃的菜，即使如此，還是一樣，最好上紐奧良聖路易街的這個小小的餐廳光顧一次，大啖佳餚，然後在康乃迪克州或加州，和墊底的熱鹽與菠菜泥頑強奮戰個一千回合。別的地方的洛克斐勒牡蠣，吃來都不像安東餐廳的那麼美味，就是不夠正宗，沒有它該有的風貌。

當然，凡是烹調過牡蠣的人，每千人當中至少會出現十份寶貴的食譜。其中有做法相當複雜的，比方接下來的這個。它刊登於第一期的《美食家》（*Gourmet*）雜誌，由紐約的皮耶大飯店和主廚喬治．戈諾（Georges Gonneau）提供。

§法國奶油牡蠣

在下方已點火的保暖鍋中放1杯牛油，加進1大匙英國芥末醬、½小匙鯷魚醬、鹽、胡椒和少許紅辣椒粉，攪拌均勻。加進3杯剁得很碎的西芹，不停攪動，直到芹菜末差不多快熟了。徐徐注入1夸特香濃鮮奶油，邊煮邊攪，直到鍋中醬汁沸騰。加進4打沖洗乾淨、清除鬚邊的牡蠣，煮2分鐘。最後加進¼杯上好的雪莉酒，澆在盛在熱盤子上的現烤吐司上面，飾以切為4等分的檸檬瓣和清脆的西洋菜嫩葉，在每份牡蠣上灑點匈牙利甜椒粉和肉豆蔻。

有人要是想演練基本的保暖鍋烹調技術，從這個食譜著手，是個好辦法，它比起其他一些菜色，要簡單多了，有些菜裏還得加進炒過的火腿和蘑菇，甚至松露。不過，在另一方面，它又比多年以前，亦即一八七〇年，瑪麗翁·哈蘭寫下的一個食譜，要繁複許多。

雖然哈蘭所處的時代充斥著一股不大文雅的饕餮風氣，使得她多少受到影響，然而她的筆端帶有一股始終洋溢著淑女風範的熱情，她從不會流於過度拘謹，在不少熱愛她的讀者心目中，她的食譜宛如所羅門之歌一般優美圓融。且讓我們來見證一下她講過的話，這些話雖道於多年以前，卻恍若昨日。

§烤牡蠣

秋天的傍晚，在盛產牡蠣的地區，沒有什麼比心血來潮，到廚房「烤」牡蠣更令人愉快的樂事了。在那兒，牡蠣被以迅雷一般的速度，匆匆忙忙地投到火中。牡蠣要是先被沖洗乾淨了，那對你吹毛求疵的口味，堪稱是了不得的尊重。備好1只容量1蒲式耳（合8加侖）的籃子，接取空殼，牡蠣刀鏗鏘的聲音，伴隨著一陣陣歡笑，不絕於耳。在濕答答的夜裏，「郎君」返回家門，又累又餓，只想來點「令人振奮的東西」時，把烤牡蠣端上你那安靜的餐桌，包準沒錯。把連殼的牡蠣沖洗乾淨，拭乾，要是想立即食用，就放進烤爐裏，不然，擺在烤爐上方即可。牡蠣殼一開，就算大功告成了。排在大盤中，端上桌，小刀靈巧地一扭一轉，掰掉上邊的殼，在下半邊殼的牡蠣上加點辣味醬和牛油，要是家裏沒有辣味醬，用胡椒、鹽和醋來調味也成，接著便可享用潔淨純正的雙殼珍貝的芳香滋味了。

或者（她筆鋒一轉，加上一段相當掃興的話），你可以撬開生牡蠣的殼，只留下半邊的殼和牡蠣，擺在大的烤盤上，加點胡椒、鹽和牛油，將牡蠣連汁一同烤熟，上菜。

哈蘭夫人歡樂的一家人用的「辣味醬食譜」，和接下來這份英格蘭老食譜，大概差不多：

§烤牡蠣醬

2大匙牛油　4滴塔巴斯可辣醬
1顆檸檬的汁　½顆洋蔥的汁

融化牛油，加進其他材料攪拌，倒在牡蠣上，趁熱上桌。

哈蘭的食譜和保羅·雷布在《每日特餐》（注⑤）書中的一個食譜，大同小異。不過後者呈現出十足的雷布風格，他那種毫不客氣的雙關用語，已成絕響，就像他的國土，原本洋溢著機智與歡樂，人人絮聒個不停，如今已是一片沈寂。

注⑤：Paul Reboux, *plats du Jour*. Flammarion, Paris, 1936.

§炙烤牡蠣

……本食譜當然得不到S·P·C·A·（法國化學產品協會）的認可，不過，牡蠣大概是因為在感性上和法國的納稅人類似，故無法做出非常有特色的反應。是以，大可不必為這些軟體動物必須受到炙烤，哀哀哭泣。

牡蠣屈服於和聖勞倫斯同樣的終局，張開殼。其情其景一如所得稅開徵期間，領受政府年金的退休老人，紛紛打開荷包：人在倒楣的時候，不得不如此。

趁著牠們開殼，說時遲那時快，放進一點融化的牛油、胡椒和麵包屑。接著再把殼關閉起來：這時牠們已元氣大失，無法抵抗。再烤一會兒，趁熱燙上桌。

有些人非常愛吃。

不管用的是牡蠣本身的汁液，還是另行調製的醬汁，一切加了汁烹調的牡蠣，多少都一定會有點複雜。它們也許像瑪麗翁・哈蘭或雷布的食譜一樣清爽樸實，也許包裹著以油麵糊和白酒調理而成的繁複醬汁，甚至可能被安東餐廳的各項奇聞軼事重重包圍，從而使食用牡蠣變成像在從事一場儀式，而非僅僅在表示，吃的人肚子餓了。

安東餐廳一百週年慶時，曾出了黑色燙金封皮的紀念小冊子，小冊中指出，洛克斐勒牡蠣含有「如此腴美豐富的材料，故而名之為『百萬富豪』以凸顯佳餚之價值」。有些美食家說，這道菜的醬汁既加了香草，還添了詭異的調味汁，而凡是品質優良的牡蠣，都不應該用這類的詭計加以玩弄、魚目混珠。有些美食家比較寬宏大量，表示艾爾奇亞托瑞用的是南方牡蠣，牠們的滋味平淡又柔弱，因此需採用這種細膩的手法來烹調。

這麼說吧，牠們就像南方佳麗，而不是活潑的新英格蘭女郎。

牠們纖細又無精打采……極少以冰鎮之，或許以前是如此的……天氣太暖和，不利保存牡蠣；最好用紐奧良醬汁覆蓋產於灣流的軟體動物，或至少灑上一兩滴的艾凡吉琳紅辣醬……

不過，往北走去，人們吃牡蠣不愛加醬汁，而偏好不加調理，直接冰涼生食，清爽且精神十足，就像禮儀派教會的禮拜，或者像是一段波士頓羅曼史也說不一定。

北大西洋沿岸的牡蠣，不怎麼需要懷疑，值得信賴。它們質地紮實，風味飽滿，擠一點檸檬汁在連著下半邊殼的牡蠣上頭，就這麼冰涼的吃下肚，真是人間美味。

有一點也夠奇怪的，那就是，有多少人吃這一道樸實的菜色，差不多就有多少種食用法。

最早，在好幾千年以前，人們掰開牡蠣殼，吸吮牠們灰色的柔軟身體及伴隨而來的汁液時，難免會夾帶著銳利的碎殼片。接著，有了刀以後，人們撬開雙殼，雙手捧著下半邊的殼，小心翼翼，生怕打翻無色的精華汁液。就連打從一開始，這兩項簡單的處理法，便一直有各式各樣的變化，人類發明了一系列的行為準則，其複雜的程度，不亞於預防暈船的方子，以及如何運用翠綠色的低矮花器，替本地的園藝展插三朵鬱金香的方法。

關心並且知曉種種準則的人，走進一家像樣的牡蠣吧時，要是竟敢向冷眼相待的掌櫃和當地所有的牡蠣迷，提出這套準則，包準會把自己嚇得魂飛魄散。他看到那一帶的各種規矩，比方該怎麼握殼，能不能淋上檸檬汁等等，越看越惱，大概會索性轉移陣地，到轉角的那家小吃店，點雙份的巧克力香蕉船算了。

幸好，差不多人人到了牡蠣吧或甚至是館子，都會不亦樂乎地大啖牡蠣，自顧不暇之餘，誰還會有工夫去管別人怎麼想。

在美國東岸，端上桌來的牡蠣往往底下墊了刨冰，另附一碗或一瓶的白色圓形小餅乾。隨餐經常還會端上瓶瓶罐罐的可口醬汁，比方塔巴斯可辣醬和山葵醬之類的。許多餐廳作興在盛著碎冰和牡蠣的盤子正中央，擺上一小盅以番茄為底的紅醬。這一小盅醬或其中一瓶調味料，往往會有點辣。

在紐奧良和西部各地的那些「平民百姓愛去的地方……家常地方」，程序比較簡單，差不多像英式小酒館的客人慣用牙籤一挑，牡蠣便下肚的方法一樣簡單。講派頭的話，頂多再灑點稀醋便得了。在南方，客人和牡蠣師傅之間隔著長條的大理石或硬木櫃台，台面稍向後者傾斜。他站在那兒，熟練地開殼，技術之純熟，一般人作夢都別想企及，儘管如此，他的手指上仍免不了有幾條割痕。他想也不想，小心翼翼地把打開的牡蠣，擺在他身前的一大塊冰上面，一隻貓咪十分耐煩地挨在他的腳邊，等著吃點牡蠣肉屑，等他摸摸牠的背。他把上半邊的殼扔進背後的桶子裏，這些空殼後來大概會被和上水泥，拿去鋪路或砌牆。

有個人走進這家陳設簡陋的小店，那裏燈光強烈刺眼，地上灑了鋸木屑。他朝著牡蠣師傅咕噥吐出「一」或「二」這個字，然後從斜擺在櫃台盡頭的玻璃罐裏，掏出一把四方形蘇打餅乾。他要是有那個胃口，還會從一只瓦罐裏，舀點番茄醬。

這時，他點的一、兩打牡蠣，已經在冷櫃台上排成一列，等著他了。殼被特意斜放在台上，以便讓牡蠣汁好端端地留在殼裏，不會順著傾斜的大理石面，流到台面下那一桶桶尚未撬開的牡蠣裏頭去。他用尖頭的單薄小叉子插住一枚牡蠣，一手把殼握在下巴下方，另一手順勢一挑，先蘸點味濃質粗的醬汁也行，不蘸也罷，便把牡蠣吞下肚了。

只要他愛吃生蠔，便會非常喜愛這一套儀式。很多人不愛生食牡蠣，那麼就祝他們懷著妒羨之情，幸福安息吧。我曾經浪擲多年時光，一見牡蠣便怕，這會兒可愛吃得很。我徹頭徹尾地嗜食牡蠣，故而情願割捨舒適享受，有時連安全也不顧，就是要大啖那奇異、清涼又多汁的美味。

時局未變以前，有一回我在馬賽的舊港區碼頭的攤子邊，心甘情願地冒險品嚐當地銅綠色的牡蠣。有一次在伯恩宮殿大飯店的龐貝廳裏，更明知吃到一枚「壞牡蠣」，卻沒有嚷嚷抱怨，而把牠吃到肚裏去。儘管我曾有許多年對牡蠣懷抱著偏見，眼下，我照樣能這麼講，我很愛吃牡蠣。

這些年來，我不是一點世面也沒見過，因此頗有了些自己的看法。不論感覺論者怎麼主張，人是不可能完全不用腦袋思想，便能一味地喜愛某些東西。

我仍相當無知，但是我曉得在那段恍若隔世的日子裏，我愛吃葡萄牙青牡蠣和產自嘉倫的牡蠣……，那些營養充足的法國人，在冬季時分，曾和我站在狄戎車站前路克里斯平餐廳前的攤子旁邊，從柳籃裏挑揀牡蠣，攤上那位老先生則拿著小刀，撬開一個個粗糙狹長的牡蠣殼；而法國每個鄉村小鎮的車站附近，那些迎著寒風，英勇挺立的牡蠣小攤，如今都已飄然遠去。那些殼的顏色帶青，略顯銅澤，乍看觸目驚心，我同時也覺得，應該要提防牠們早先可能死得不大衛生……可是我吃了以後，毫髮未傷，味蕾和精神更獲益匪淺。

在美國，我想我最愛吃的是長島海灣產的牡蠣，不過我也吃過很好吃的青柯提格和德拉瓦灣產的他種牡蠣。儘管我生性狂熱，可是也不能不承認，南方的牡蠣不適合直接從殼裏挖出來吃，反倒較適合佐以山葵醬之類的墮落美味，或甚至烹調一下，但在波士頓或波爾多人看來，這兩種做法分明是褻瀆神聖。

墨西哥灣的牡蠣則絕對是煮熟了比較好吃，儘管曾有經驗老到的美食家切切以為不可。有位德州柯帕克斯地（Corpus Christi）的仁兄，有一回在桌上擺了把槍，以平靜的口吻表示，要是有人敢說德州藍點不是世上最可口的牡蠣，那麼此人準是個滿口謊言的大混帳。我仍然偏嗜烹熟的南方牡蠣，因為對我來講，生食牡蠣之所以美味，其中一個原因是，牠的肉很爽脆（爽脆二字用得不太恰當，肉此字用得也不好，可是同樣的，你也大可講，牡蠣二字用得不對，不能說明我的意思）……而溫暖海域的牡蠣似乎少了那股爽脆。

我愛吃的西岸牡蠣，是帶點金屬味的小個頭奧林匹亞種，說我愛國也好，不愛國也罷，我都覺得奧勒岡產的日本種威勒波因（Willapoints）無味又肥大，不宜直接從殼裏挖出來生食。在我看來，這種食法的牡蠣，上桌時非得附加兩樣配料不可，就是塗了牛油的黑麵包和檸檬。這就像在小吃店喝湯，一定得配蘇打餅乾；有吉伯特就絕對有蘇利文（注⑥）；既講了聖誕快樂，就非得也說聲恭賀新禧不可。兩者缺一不可，焦不離孟。

在古老美好的歲月，在那些聽來枯燥、談來卻讓人興味盎然的古老美好的日子裏，不論你是坐在巴黎咖啡館圓形的餐室裏，還是站在努恩柏格車站三流餐廳附近，一腳還踏著鋸木屑，只要點半打牡蠣，例必奉上真正的蕎麥黑麵包片（皇天在上，可不是用機器切好的淺褐色鬆軟麵包！）以及一片片如假包換的多汁檸檬，它們能收提味之效，讓有時滋味嚐來疲軟的牡蠣變得比較美味，我並且很快就發現，滴幾滴檸檬在牛油麵包上，比滴在牡蠣上更美味呢。

在燃燒彈自天而降，我認得的那些人或受傷成殘，或飢寒交迫之時，我曾鄭重地針對這一點，前思後想了一番。我認為美國所有

注⑥：Gilbert and Sullivan，十九世紀聲譽卓著的音樂搭檔，合寫了不少膾炙人口的輕歌劇。

的牡蠣吧，以及這塊美好土地上每家自尊自重的餐廳，凡是有意供應連殼上桌的生牡蠣，或甚至是剝了殼放在杯盅裏的牡蠣，都應立刻明令規定，得隨菜附上一小碟可口的薄片牛油黑麵包。我說啊，能用紮實的雜糧麵包，抹上無鹽牛油，再來幾瓣檸檬，更好。

我想，牡蠣師傅和餐廳店東，都會發覺如此小小地吹毛求疵一下，能帶來很好的收穫。就算他們仿效力普（Lipp）和歐洲一些老店的做法，檸檬、牛油甚至麵包都另外酌收少許費用，多賣的牡蠣也都足以大大地彌補店家在這方面多付的成本。

至於愛吃牡蠣的人，此等優美動人又適足引發思古之幽情的姿態，會顯得如許優美、如許懷舊而動人，令人緬懷昔日在這兒那兒吃過的那些美味……換言之，這個做法如此明智……以致滿懷的鄉愁不會顯得那麼病態，反倒比較像是一點點的活力補品。

珍珠不好吃

珍珠是帶有特殊光澤的碳酸鈣凝結物，由若干軟體動物所生產，被人當做寶貴的首飾。

——《大英百科全書》

雖然許多人堅決以為，把牡蠣拿來吃掉，是最明智的做法，不過除此以外，牡蠣尚有數項用途。

牡蠣自己（亦即雙殼之間的生物）可以讓一種小型蟹棲息，此蟹之名索性就叫牡蠣蟹（oyster-crabs，或稱豆蟹、蚵蟳）。其體形如六歲女童的姆指指甲那麼大，模樣看來就像一隻正常的螃蟹，形狀方正、色澤紅潤，腳爪齊全，只不過是倒著拿小型雙眼望遠鏡看過去就是了。放眼陸上海底，這種副產品的滋味之美之細緻，實為世間數一數二。

每逢小銀魚當令，牡蠣蟹似乎特別多產，就美食層面來看，這說不定只是湊巧而已。然而在耶誕節前後，紐約和東岸其他城市往往將兩者湊成了對，形成天造地設的絕配：炸得脆脆的小牡蠣蟹和細小得幾乎不成形的吋長銀魚，堆在盤上，分量多得足供人類食用，但是看來仍像是小人國宮廷的宴席菜。隨菜附上新鮮的或炸過的檸檬和歐芹，西洋菜也很對味。也適合佐以香檳。老實講，清淡冰涼的啤酒也很配。

除了小蟹以外，牡蠣大概也有其他可供人類使用的東西，但我不清楚是些什麼。牡蠣當然可製成各式的醬料和香料，全球皆有生產，中國尤其多，可是這些統統得被稱之為食物，沒有其他適合的叫法。暫且不理會牡蠣，只去考慮牡蠣殼的話，美食用途就變得不重要了。

牡蠣殼大概永遠也不會被形容為好吃，除非吃殼的是某些蟲類和母雞，不過母雞對於美食此一話題，向來悶不吭聲，這一點說不定是件好事。成百上千年以來，母雞一直啃啄牡蠣殼，從不多抱怨。牠們下越多的蛋，就越愛啄食用銳利的牡蠣殼做成的小盒子。母雞顯然是受到本能的驅使，而吸收不可或缺的鈣和石灰，就像那些為求一夜好夢的人，身不由己地吸食鴉片菸。母雞的問題比較簡單，就算住在窮鄉僻壤的農夫和農婦，都買得到穀倉院子需要的碎牡蠣殼。

然而，唯有靠海的地區才會用牡蠣殼來鋪路、修水溝或應用在其他更粗重的活兒上，在那兒，當然找不到它們和美食有什麼關聯……除非你滿懷浪漫情愫，追想起每一片殼往昔都有一位美味的房客，後者早在路面開始鋪設以前，就在某處被某人吞下肚啦。

在路易斯安那州，冬季沒下雨的時候，海灣沼澤和稻田上方高高的堤道邊緣，白花花的，相當刺眼，那裏有成噸被搗碎的牡蠣殼。它們像臼一樣，阻擋了污泥，越過堤道，平坦死寂的稻田看來柔軟而不可靠。你的車輪要是滑出路面，便會發出嘎吱一聲的刺耳噪音，一轉眼，那些正在小乳牛近處啄食米粒的鳥，統統展翅飛到天空，接著又降回地面，散落在反芻的牛兒周遭。

在牡蠣所有的寄生者（姑且把香脆、美味又細緻的牡蠣蟹歸入此類），還有雞飼料、鋪路材料甚或牡蠣醬等各式副產品中，有一樣最出名的東西，長久以來對人類而言，意味著愛情和浴血戰爭，那就是，珍珠。

在印度和中國，甚至在寒冷的蘇格蘭宮廷，自有工匠打造首飾以來，珍珠便被用金屬鑲嵌起來，做成別針和鍊子，始終都不便宜。

牡蠣緩慢地悄悄地長出閃爍發光的「蟲棺材」，把潛進殼內的某種東西團團包住。有時，裏頭真的是某種條蟲，是鑽入牡蠣柔軟的軀體深處的幼蟲，小蟲夾帶著牡蠣受傷的外套膜上的微粒物質前進，這些微粒發揮作用，開始分泌和牡蠣殼邊緣材質相同的真珠母，那過程就像酸麵糰中的酵母，被摻進新鮮麵糰以後，會重頭開始進行發酵作用。到末了，那個不受歡迎的小蟲，被它罕見的棺材整個包住，於是珍珠出現在雙殼之間。

（有些愛詭辯的人認為，鴨子身上的水蝨，促成珍珠生長，沒人敢肯定此說是對是錯。《大英百科全書》則說，「多種不同的刺激物」會促成珍珠成形。不過，小蟲、蝨子也好，其他的刺激物也罷，珍珠都令人著迷。）

有些珍珠未能在殼內徹底自由自在地成形，而有一邊是平坦的，這叫做「鈕釦珠」（boutons）；它們可能長成中空，像多疣的水泡，叫做「珍珠公雞」（coq de perle）；它們也可能長成不規則的形狀，叫「巴洛克珠」（baroque）。它們統統價值非凡，不過最上選的珍珠，必須長得渾圓，或長成形狀對稱的梨形，像淚滴，只是沒有想像中的那個尖兒。珍珠外皮和光澤須臻至完美，也就是說，質地必須細緻無瑕，顏色白得近乎透明，光澤必須收斂，卻帶著紅暈。說實在的，叫人驚訝的是，世上果真有那麼多純正的珍珠，如產於西印度群島、極易褪色的粉紅珍珠，產自墨西哥的罕見黑珍珠，以及到處都有生產的白珍珠。

就人類所知，珍珠最宜生長在發育不全、長得奇形怪狀的殼中，世上各處只要有短暫的暖季，便利於珍珠生長，因為只有在暖和的季節，才能分泌真珠母。珍珠經過四年的成長，便可以採收了。

大多數珍珠產於印度和南方海域，那兒的潛水伕採上岸的蚌殼，說不定一千枚中才有一顆珍珠，這樣就已經算是很不錯的了。從日本至愛爾蘭到我們自個兒的愛荷華州，河蚌產珠的比例不得而知，可是在河中某處的確有珍珠是個事實，光憑這一點，就足以讓漁民孜孜不倦地幹著他們那冗長乏味的活兒。
這可不是件好幹的活兒，採珠的潛水伕壽命都不長。有些人的肺部爆裂，有的則被鯊魚咬死，因為凡是有牡蠣的海底，附近差不多一定有鯊魚，因此潛水伕身上必定帶有刀子或硬木叉。自馬可波羅描寫科羅曼德爾（Coromandel）南岸馬拉巴（Malabar）外海的珍珠漁場景觀以來，各地珠場的情況至今皆無多少變化。
他說，在各處漁場，商人一定安排「若干位婆羅門階級的法師」，伴隨潛水伕同船航行並施咒，如此一來，在附近一帶虎視眈眈的無數條兇猛的鯊魚，便不致發動攻擊。到了晚上，法師會解除咒語和魔法，鯊魚便會在周圍巡游，儼如防範其他盜匪的警察。
眼下，馬可波羅在印度海沿岸的珍珠船上，依舊會看到同樣的法師，大概還會聽到同樣的咒語，因為鯊魚仍然活躍，牠們蒙受的危險仍不亞於受到牠們攻擊的潛水伕，同時，依然有人為了珍珠而送了命。

在日本和中國，由少女負責潛水採珠，她們並不會冒多大的生命危險，因為她要採的珍珠，並非藏在四十呎深的不明海域，而是巧妙地被人放置於海中僅幾呎深之處。成百上千年以來，人類便像是在種植海蘿蔔（sea-radishes）一樣的，在海中培養此一稀有珠寶。

女郎包著式樣古怪的皺頭巾，定時分批輪番下水，她們像酩酊大醉的鳥兒一樣，重重一拋，突然落水。她們採收的蚌殼，九成裏頭都有珍珠，如果碰到有疾病肆虐，或就是倒楣，整批貨中只有百分之五適於出售，珠商依然開心滿意。養珠簡直美極了，只有透過X光檢測，才能看出它們與「天然珠」的不同，儘管養殖珍珠相當費工，仍然有利可圖。

在中國，起碼到前不久為止，蘇州仍有古老的市場，專售各式奇珠，有菩薩形的珍珠，甚至還有小魚、圈形或春宮的花樣。那是有人在五、六月間，把木頭、錫或鉛做的各式模子，小心植入蚌殼中而製成。這些牡蠣被養在盛裝海水和人糞的大盆裏，一養三年，養得肥肥胖胖的，等時機成熟了，這些美麗的花式珍珠，就被賣給善男信女或好蒐集奇珍的買主，牡蠣則在廚房裏做成了佳餚。（華人是如此徹底的一個民族，大概還會拿殼去砌牆，從而善盡利用不會抗議的雙殼貝的每一分價值。）

世界各地都有養殖珍珠，連瑞典都有，不過經營最永續成功的，想來是日本人。所以，在日本海畔某處，一定有人一秉下廚時須按食譜照本宣科的精神，在採用下面這個方子。

§珍珠製做法

1枚健康的牡蠣苗
1枚成年的牡蠣
1粒小珠子
1只鐵絲籠

縛線、硬毛刷子等
日本政府提供的某種名稱不詳的創傷藥
1名潛水女郎

把起碼得有1/75吋長的牡蠣苗，插入鐵絲籠平滑的表面，將牠浸在安靜乾淨的水裏，鐵絲籠能保護牠不受海星侵襲。不時檢查，用刷子搓刷牠那以高速成長的外殼，如此可防蟲蛀和其他蟲害。

過了3年，從事大手術，把小珠子置入牡蠣的外套膜（上皮細胞）。一伺珠子就位，即用外套膜包覆珠子，綁縛在一起，形成1只小囊的形狀。將小囊放進另1個牡蠣中，拆除縛線，在傷口上塗抹那種名稱不詳的創傷藥。把牡蠣關進籠中，放進海裏。

在潛水女郎的幫助下，密切監督牡蠣7年。之後隨時皆可打開牡蠣，你有二十分之一的機會，可獲得1顆適於出售的珍珠，以及更小但同樣令人興奮的機會，能製造出價值連城的寶物。

有人說不定會覺得，不停地吃牡蠣，直到吃到珍珠，是比較簡單的辦法。然而，如此費時更久。我吃牡蠣、談牡蠣多年，迄今卻只認得一個人曾吃到珍珠，就是我本人。

那是在紐奧良的嘉拉特瓦餐廳（Galatoire's），我咬到這顆珠寶，牙齒差一點就要崩落了，我坐在那間裝潢雅緻、吵雜且菜香四溢的餐室裏，一時之間覺得暈陶陶的，像在作夢，富貴繁華盡在眼前，周遭的一切似飄然遠去。那些涉世未深、穿著格子洋裝、黑髮披肩的少女；靜靜地吃著紙包金鯧的纖瘦猶太青年和他們那些正在喝酒的朋友；著便裝的軍人和穿制服的高級交際花；以及一邊嚼著美味，一邊透過鏡子觀察在場每位人士的政客和記者。在這片魚香、酒香交織的神聖美食天地中，所有的這些身影，在我身旁翩翩舞動。我的腦袋裏浮現各式各樣的字句：無價珍珠、對豬投珠（pearls before swine，即「對牛彈琴」）、兩排東方明珠般的皓齒、埃及艷后的「溶在御酒中的珍珠」、雪上珍珠……

我終於能將心裏的激動，化為讓人聽得懂的話語，並將珍珠頂到口腔前面，不過那時周遭的人都已經知道發生什麼事，我以相當高雅的姿態，把它吐到我的手心裏，我看也不必看，便已曉得眼前會是什麼。

那是個粗糙的褐色小東西，模樣挺像是小得反常的碎石子，我把它擱在我的盤子旁邊，預備帶回家去，臨了，離開餐廳時，卻忘了帶走。它確曾令我激動了幾分鐘，不過我還是徹底同意一句中國俗語：「珍珠寶石不好吃、不好喝。」

想當年真快活

前不久，有位老先生在同他的一位朋友談天說地時（緬懷他們年少時期共同經歷過的一些冒險），大聲喊道，喔，傑克，想當年真是快活啊！

——《觀察者》週刊，理察・史提爾（注①）

有些故事一講起來，就散發出一股黃金時代的氛圍，因此你聽著聽著，便忘了今夕是何夕，而來到遠古以前那些溫暖又不可思議的激動時代。牡蠣可如王中之王奧茲曼帝亞（注②）一般優美，並且令人難忘。

我永遠都會記得，小時候每當聽我母親談起她當年住校吃宵夜的事情時，總被一股謎樣而美好的幸福感所籠罩。她們稱這些宵夜

注①：Richard Steele，一六七二—一七三九年，生在都柏林的英國作家。
注②：Ozymandias，典故來自雪萊的同名十四行詩，寫作靈感乃古埃及國王拉美斯二世。

為「午夜盛宴」，而且按照一八九〇年代最好的傳統，理所當然地瞞著師長，是個秘密。宵夜的菜色是一長條的牡蠣麵包，大概還有些別的東西。有些膽子最大的年輕淑女，說不定甚至大喝薑汁啤酒，不過依我看，恐怕充其量只是覆盆子果汁甜酒之類的可悲飲料。也許還有香菸、酸黃瓜和巧克力糖。然而讓我記憶猶新的，是牡蠣麵包。

我知道，除了在夢裏，我永遠都不會嚐到那樣美味的牡蠣麵包，我母親亦然……要是她曾夢見它的話。雖然我母親絕對從未告訴過我，我卻看得見、聞得到它，甚至曉得該從哪裏咬下去，又該讓哪裏在我口腔頂端融化，那熱呼呼的細膩滋味，給人安慰。

宵夜用的長條麵包，是從村子裏最好的麵包坊買來的。麵包中間被挖空了，填入香濃的熟牡蠣，接著下來，據我母親含糊但生動的描述，麵包蓋子又被放回原位，整條麵包送進烤爐，烤得金黃香脆，然後用上好質料的白餐巾緊緊包好，臥室女傭將麵包藏在披肩底下，從麵包坊急速趕回學校，沿著後樓梯上樓來，送到指定的臥房。

小姐們套著她們最漂亮的印花便袍，坐在地板上，在場總有六、七位，因為一條牡蠣麵包真的滿大的。其中一位負責看鑰匙孔把風，留心不讓她明滅的燭火或幽幽的燈光洩漏出去。

女傭溜進房中，房裏的少女悄聲說著話，咯咯笑個不停，擠成一團。她放下那包溫熱的東西，雖然先前已收了為數頗豐的酬勞，不過她一向樂意再拿走一袋可口的餅乾，是小姐們的母親每週從家裏寄來的。她隨即離開，包著牡蠣麵包的布巾已經打開了。

眼下聽起來，那副情景好像挺邋遢、傻氣十足，而且恐怕會讓小姐們上火氣，可是在那當兒，這種女學生式饕餮作風卻是很教她們興奮的好事。所以，當我母親講起這件往事，我同《觀察者》週刊裏的那位老先生一樣，也想嘆一句，想當年真是快活，比我所知的任何時光都還要快活。

我長大以後，只要手邊在用烹飪書，便一定會在有關牡蠣的篇幅中，找找看有沒有牡蠣麵包的食譜。並不是因為我打算做做看，我只是再一次想起母親隨口提起的往事。接下來的食譜摘自安德烈．西蒙的《法國菜》（注③），我在其他書上看到的食譜，和它多少相仿。

§牡蠣麵包

把2½盎司以細篩篩過的麵包屑放進碗裏，加進2盎司的牛油，以鹽調味；加進3顆蛋黃和2打修除鬚邊並切成丁的牡蠣，牡蠣汁也倒進去。

花式布丁模內部先塗抹牛油後，鋪上一層約厚1吋的碎魚肉，再將牡蠣麵包屑填入中間的洞，表面鋪上更多的碎魚肉，以文火溫煮約45分鐘。

這當然是極度豪奢的版本，西蒙先生坦承不諱，他是從一個英國人那裏拿到這個食譜，用的材料可能是次等的牡蠣做出來的碎肉條既粗又很難消化，在大西洋沿岸的劣等餐廳裏，有時吃得到。我就見過，幸好聽從勸告，沒有為了研究目的而嚐嚐看。西蒙先生的食譜挺不錯的……可是和我母親講的牡蠣麵包，仍然是八竿子打不著邊。

我還發現了一兩個差強人意的食譜，但我心深處的味覺已受到「午夜盛宴」的洗禮，習慣了那股熱呼呼又順口的完美滋味，因而明白，這些食譜其實都不怎麼樣。就連坎德夫人也令我失望，她的〈脆盒牡蠣〉食譜乏味極了，而她原本總能運用她與生俱來的猶太

注③：Andre Simon, Little, *French Cook Book*, Brown and Company,1938.

熱情，來暖和其著作《殖民菜》（注④）中那股冷冰冰的實用氣氛。

最後，幾年前，我在《日落西方食譜大全》（注⑤）讀到一整篇專欄，講的都是，謝天謝地，「牡蠣麵包」。文中提供三、四種做法，並暗示，舊金山人特別愛吃這道菜，這個看法儘管有點失之偏狹，但可以原諒。而其中一個做法，看來終於像是我一向所以為我母親少女時代那道大菜該有的樣子。

《日落西方食譜大全》建議把用來填火雞的牡蠣麵包屑餡，塞進一條挖空的吐司麵包中，然後烘烤，切片，附上奶油或乳酪醬汁上桌享用。

文中還講了，可以挖空法國麵包或長圓形麵包，填上奶油醬牡蠣，烘烤之後趁熱端上桌。

書中還提供了其他更多的食譜。

不過，最能引發我的一股懷古幽情的，令我深深喜愛的，是底下的這個做法：

§長條牡蠣麵包

切掉脆皮長條麵包的頂層，把中間挖空，刷上牛油後，放進熱烤箱中熱透，把表面烤為略黃。趁烤麵包時，替中等大小的牡蠣裹上蛋汁和麵包屑，用油煎或炸至金黃。把煎炸好的牡蠣填進麵包裏面，注入融化的牛油，把也已烘烤過的麵包蓋子放回原位，就可以吃了……或者包上厚厚的蠟紙，帶出門當野餐。足供2人吃的小條麵包，大小適中，最易分食。

至少對我而言，這是我找呀找的，終於找到的食譜。我可以從

注④：Mrs.Simon Kander, *Settlement Cook Book*, Miwaukee,1931.

注⑤：Genevieve A.Callahan, *Sunset's All-Western Cook Book*,Lane Publishing Company,San Franscico,1935.

中做點改變，而且會這麼做，甚至澆點濃濃的鮮奶油在麵包上面，或灑紅辣椒粉，不過它基本上符合我童年時的夢境……且大有可能比幾位小淑女多年以前擠成一團，在燈光昏暗的臥室裏吃到的牡蠣麵包，還要可口多了。

然而……然而，在我心深處，用我精神上的味蕾去嚐，它們卻永遠都會是我從未吃過的最美味牡蠣。

欸，母親，想當年真是快活啊！

晚間的湯，美味的湯

竭盡所能，煮出好湯……

——《格林童話》

此非彼，彼肯定非此，同樣的，燉牡蠣不能燉，而牡蠣湯雖然和燉牡蠣用的材料一樣，甚至煮法差不多，可是絕不可稱之為燉牡蠣，也不能叫做燉湯。此事箇中道理清楚又分明，只要你尊重牡蠣和有關牡蠣的用語，並且在讀了若干家政文章後，感到惱火。這些文章收集齊備各式湯品食譜，文章一開頭便說：「調製你的燉牡蠣……」。

燉牡蠣烹調時間之短，差不多是心裏想到眼睛看到，手就要隨之關火。牡蠣湯較費時，成本可豐可儉，有人可能覺得難喝，但大多數的人卻很愛喝。

它和燉牡蠣最大的差別大概在於，湯裏加了麵粉、麵包屑或雞蛋，使質地變濃，或者像有位一板一眼的廚師所主張：「得加米！絕不能加麵粉或玉米澱粉！」加料的湯會比較濃郁，怪的是，往往喝完了湯，還要上大菜，可是就連食量最大的人，也把燉牡蠣當成一餐。

一道牡蠣湯要是價錢不貴，嚐來又比它的食譜來得有牡蠣味，往往會引人疑竇。那些以漠然的語氣，表明材料需要成桶、成夸特分量的老食譜，尤其叫人費疑猜。我是在報上看到底下這份老食譜：

§牡蠣奶油湯

¼杯牛油
2大匙麵粉

1小匙鹽
¼小匙芹菜鹽

1夸特牛奶
½品脫牡蠣（！）

少許胡椒

隔水加熱，牛油融化了以後，離火，調進麵粉拌勻。倒入牛奶，在爐火上不斷攪拌，直到湯汁沸騰並稍微變濃稠。加進調味料以後，蓋好，隔著滾水加熱。將牡蠣上的碎殼清理乾淨，置入碗中搗碎，拌進一點汁液，一同倒入湯中，熱透，需時10分鐘左右，滾燙上桌，附上脆餅乾或塗了牛油的烤麵包圈和麵包片。可供6人食用。

這個食譜登在報紙上的邊欄裏，還附了照片，看來髒兮兮，不過它髒歸髒，那股「且讓我們在廚房中保持歡樂」的態度，倒很摩登，幾乎要惹人憎惡到極點。它的做法很有效率，適足顯示它的欠缺想像力，它的實用主義精神，也就是布伊亞——薩瓦蘭會直截了當，痛罵一頓的那種飲食作風。

可是，它也可以是一道好湯，構造基本上還不錯，最可貴的是，若想以此為本大變具有個人特色的花樣，高興怎麼變都行。東丁格戴爾園藝俱樂部的香草專家伍貝利夫人（Mrs.Zanzibar Woodburry），加了一小撮新鮮的牛至花苞；赫德遜史托克斯少紳學院英文科、快活的名譽教授葛拉柏，加了點不甜的雪莉酒；活躍左岸時代後期、後來活躍於南方與遠西各「藝術家殖民地」的查爾斯（查布）．拜伊，則加了辛辣的現磨胡椒到湯裏去。夫人、教授和文藝青年，三人的做法都合理。這道味道稀薄的湯，不管多加一樣調味料，或以上三種都加，都不會造成傷害，頂多使它滋味更平淡，這湯基本上經得起幾近令人無法置信的攻擊，就算用罐頭牡蠣來烹調，也無所謂。

其他的湯則沒有這麼乖順。《新英格蘭烹飪書中》有一道湯，乍看和前面那個報紙食譜差不多，不過就像不能用火柴盒來拼湊飛行堡壘轟炸機，這會兒也不可用二號清蒸牡蠣罐頭來煮湯……要是想發揮想像力加點料，大概可以灑點匈牙利甜椒粉，這點就連最大逆不道的老饕，也不敢逾矩。

§牡蠣湯（第一號）

1夸特牡蠣　2大匙麵粉
3杯牛奶　1½小匙鹽
1杯鮮奶油　¼小匙胡椒
3大匙牛油　1大匙洋蔥末

融化牛油，加麵粉拌勻。把牛奶徐徐加進鍋中，邊加邊攪。接著加鮮奶油和調味料，還有洋蔥末。文火煮，保持溫熱。另將牡蠣連同牡蠣本身的汁滾煮沸，煮約5分鐘，或至牡蠣邊緣蜷曲。撈出牡蠣，瀝乾，加進牛奶湯中，溫煮5分鐘，不可煮沸。立刻上桌。

有些書籍不像這本樸實無華的新英格蘭小冊子那麼坦率，而自稱它們的湯為比斯克濃湯（bisque）。一般說來，換成這個詞以後，要嘛表示用的材料較豐富，要嘛意味著，烹調程序比較繁瑣，食譜當中說不定會隨意夾帶幾個和廚房有關的法國字。同樣也是一般說來，這類食譜都相當精采。

其中一個食譜，見於梅樂．阿米塔吉的《御膳》，是很好的例子：

§牡蠣比斯克濃湯（第一號）

牛油和麵粉炒成油麵糊，加進已切碎的1顆大洋蔥，炒至金黃。接著注入1夸特熱開水、4打牡蠣和牡蠣汁、1大方塊的牛油、月桂葉、百里香、鹽和胡椒。煮20分鐘後，撈出其中2打牡蠣，切成細末。接著用漏勺過濾湯和剩餘的牡蠣，邊過濾，邊將牡蠣壓碎。再把切碎的牡蠣末倒回湯裏，外加4小枝歐芹，趁熱上桌。

凡有美國美食學上較細微的問題，穆迪夫人的解答，向來值得信賴。她也稱她的湯為比斯克濃湯，並且依照她的慣例，加了一大杓發泡鮮奶油，這差一點就要讓她的這道湯，變成「淑女午宴」了：

§牡蠣比斯克濃湯（第二號）

1夸特牡蠣
1品脫鮮奶油
1品脫牛奶
1杯發泡鮮奶油

½杯餅乾屑
洋蔥
鹽、胡椒、匈牙利甜椒粉
豆蔻

將牡蠣置器皿中，在爐火上加熱。

1品脫的牛奶和1品脫的鮮奶油裏加1片豆蔻和半顆甜洋蔥，隔水加熱，等豆蔻和洋蔥一飄出香味時就取出。

牡蠣和牛奶奶油湯都熱了以後，撈出牡蠣，將煮汁倒入熱牛奶湯中，牡蠣則投入冷水中。隔水加熱的湯面上一有浮沫出現，便得撇掉，加入鹽和胡椒調味、½杯餅乾屑和1大匙無鹽牛油。整鍋湯煮個數分鐘，使入味。

撈出牡蠣，置於乾淨的薄紗布上瀝乾後，加進湯裏，立刻上桌，在每人的杯裏擱1大匙的發泡鮮奶油。

穆迪夫人的文體，或者應該說是文字的香味，和她高雅的烹飪手法，差不多一樣的細膩，她煮出來的湯有洋蔥香，卻看不到洋蔥。有些大不敬的人一路遵照她卓越的方法來煮湯，甚至用杯來盛湯，湯上也擱了發泡鮮奶油，偏偏到了最後功虧一簣，在每一坨融化的鮮奶油上，灑了一大堆甜椒粉，把整道湯的細膩口味破壞殆盡。這種行為簡直是大膽無禮，不過儘管證據顯示情況相反，我們還是很難相信穆迪夫人本人不會認可此一做法。

讓人意外的是，瑪麗翁．哈蘭在她的《治家常識》中提供的食譜（她用的是receipt這個老字），竟是最複雜的一個。當然，在一八七〇年代時，美國東岸尚不乏這位賢慧的女士以迷人的口吻，稱之為「姑娘」的幫傭，美國其他地區的家庭主婦多半也雇有幫傭，甚至還有「第二位姑娘」，而如今在一般人家，用的則是效率十足的吸塵器和洗碗機。哈蘭夫人固然要比大多數同事明理，在估算烹調的時間，仍以愛爾蘭幫廚女傭需花的幾小時為單位，可是現下婦女下班回家，卻只能匆匆忙忙地煮飯。凡此種種的理由，都讓她的食譜讀來有若伊利沙白時代的日記那般的古怪有趣，可是只要多多少少按照她所熱心建議的常識來做，這食譜還是蠻實用的：

§牡蠣湯（第二號）

2夸特牡蠣　　1夸特牛奶
2枚雞蛋　　1茶杯的水

撈出牡蠣，把牡蠣汁濾到鍋裏，水也倒進鍋中。加紅辣椒粉和少許的鹽，還有肉豆蔻、豆蔻和丁香共1小匙。湯汁快燒開時，加進已切碎的一半分量的牡蠣，用大火沸煮5分鐘。將湯過濾之後，倒回鍋中，加入牛奶。準備好體積不比彈珠大的牡蠣碎肉丸子。將全熟的水煮蛋的蛋黃加一點牛油，攪成糊狀，接著混合6枚切得極碎的生牡蠣、少許鹽，並加1枚打散的雞蛋，使材料黏合在一起。手先沾一層麵粉後，將碎牡蠣肉末搓成丸子，排在冰涼的盤子上備用，丸子之間需隔開一點距離。接著把保留下來的完整牡蠣加進熱湯中，等湯又開始滾了，投入牡蠣丸子，煮至牡蠣「變皺」，這時丸子也將煮熟了。

附上檸檬片和餅乾端上桌。最後如果再在湯裏輕輕地攪進1大湯匙的牛油，會更好吃。

從哈蘭夫人到律己苦修的新英格蘭無名氏，回過頭來再到大力頌揚比斯克濃湯之美的多位前輩，大家都同意，牡蠣湯應加鮮奶油並需勾芡……牡蠣則有完整的，也有切碎的，有新鮮的（皇天保祐）或甚至罐頭的。

不過，也有一道牡蠣湯，只需要用到牡蠣，它除了一定得有牡蠣外，其他都無所謂，你煮上一鍋牛肉清湯，甚或索性用找得到的最好喝的罐頭湯，加熱以後，倒進洗淨的冰涼牡蠣。接著在每只湯盤中輕輕地打進一枚完整未破的蛋黃，將表面上飄浮著許多枚牡蠣的清湯，徐徐倒進盤中，好讓蛋黃外層受熱凝固，並保持完整。這樣就行了。快又簡單，而且很好吃。

愛曾是珍珠

愛曾是他的牡蠣之珠
維納斯自酒中紅灩灩升起

——《朵羅瑞絲》，史文朋（注①）

牡蠣的愛情生活很奇特，端賴不可預測的溫度和潮汐而定。如果它所處的世界溫暖，如果它周遭的水溫在華氏七十度左右，它便能像噴射一條小水柱似的，排放出生猛的精子，從而刺激雌牡蠣大量產卵，這會兒產下五百萬個，那會兒又產下五千萬個。如果潮汐配合，精子會遇見卵，牡蠣苗於焉成形。

產卵、孵卵，孵卵、產卵……

男人的愛情生活也很奇特，其中有一部分長久以來都仰賴這種

注①：C. A. Swinburne，一八三七—一九〇九年，英國詩人。

雙殼軟體動物那股神秘的力量。大多數辭典都說，人們通常生食牡蠣。

據知，女性如果有計畫地食用牡蠣，也會受到影響，至於影響是好是壞，我可不得而知。密西西比州畢羅克西有位名叫穆索里尼的仁兄發誓說，他出自深思熟慮，把撈自附近灣流的褐色長殼雄牡蠣，餵給七名處女吃，從而治癒了她們的冷感毛病。

不過，會如此信誓旦旦的，仍以男性居多，且多得驚人。他們舉出一百件同樣怪異的例子，以不卑不亢的語氣發誓說，這些全是事實。他們要是以為你適合傾聽這類表白，便會告訴你，東部女性的身體構造長得恰恰相反，因此同她們燕好時，異國風味大於情色意味。他們說，這可是千真萬確的事。還有另一批為數驚人的男性——其中有些還是耶魯、甚至普林斯頓的畢業生，也都確定牡蠣可以壯陽……是極好的春藥。他們舉得出數不清的例子，不外乎某位仁兄只不過生食冰涼的牡蠣，一時之間精力倍增，威武可比雄山羊。

有很多理由讓人們以為牡蠣擁有此一優點，若果真如此，可真夠令人尷尬……大多數是無稽之談（old wives' tales）——儘管按字面上來講，這個片語用法並不正確。

這泰半是人的心理作用，跟牡蠣的氣味、質地，大概還有牡蠣的怪異感有關。大多數的事例顯然是渴切卻錯誤的期盼，是很不可靠的想法，這就好像以為在滿月的晚上，扔一根馬毛到水槽裏，它就會變成對上帝誠實的蛇，游來游去，還會發出嘶嘶聲。

曾有位瘦小的男子，大概出身哈佛吧，此人年約二十二，不算在室之身。那年冬天的一個週六晚上，他不知怎的，竟約到一位美如天仙的上流社會少女。出身上流社會的青年都稱此女為「懷有無套褲共和主義精神的美女」（La Belle Dames sans Culottes，注②）。

就像他的祖父講過的，這位瘦小的青年，模樣不比少年成熟多少，他心裏既緊張又惶恐，請教幾位較有男子氣概的朋友。牡蠣，他們斷然表示，牡蠣就是解答。

因此在約定的那個週六，這個小傢伙中午來到紐約中央車站的牡蠣吧。時值十二月，冰涼的生牡蠣不只可口，且對任何行為適切的青年來講，都是當令的適切食物。我們的這位青年，先喝了點啤酒替自己打打氣，獨自喝了精光，明明喝下一大杯，卻以為自個兒只喝了一小樽。他也吃了一打牡蠣，他原本不打算吃這麼多的。

大約兩點鐘時，他發覺時間還不到三點，簡直驚駭莫名，撐著細瘦的身子，在寒冷的馬路上亂逛，無望的感覺越來越清晰分明，不過他仍設法追想有關他即將來臨的約會某些較為火熱的回憶……也就是他的室友的回憶。

他搭計程車到宮殿餐館，環顧在座那些臉色紅潤，正津津有味大啖炒蛋和熱烤馬鈴薯的掮客，指望從後者身上吸收一些活力，他又點了一打牡蠣。他巴不得已經六點了……那時至少會出現一兩位俏麗的女伶，供他偷看兩眼，而且再過一個小時，他便將……

他又點了一打牡蠣。

過了一會兒，他走上第六大道，畏縮地往雷電華大樓方向走去。他素來喜歡牡蠣吧，一直認為那一類的場所很好玩，因為多半不會有妙齡少女郎在那兒嘰嘰喳喳講個不停。可是這會兒，天色漸暗，周遭的路人急急忙忙地趕公車，他開始覺得，可愛的妙齡少女在「二十一」俱樂部啜飲著紅茶馬丁尼的情景，無異於天堂。等她喝完她孩子氣的飲料，他大可付了帳，送她回到母親安全可靠的懷

注②：Sans Culottes，十八世紀法國大革命時期，對拒穿套褲並懷有共和主義的貴族分子的稱呼。

裏……然後回家。

然而，今晚他將同舞會之花碰面……而且是單獨約會……

他拐進雷電華大樓，以無望的語氣，低聲點了兩打藍點牡蠣。酒保細細看了看他，他以希望夠雄壯的氣魄，高聲說：「我說了算數。」有那麼一剎那，他幾乎要被自個兒突如其來的火氣所溫暖了，可是當他開始勤奮地吞他的良藥時，卻差一點被排山倒海一般襲來的倦意所淹沒，要不是他自忖得為母校爭光，真巴不得伸展四肢，靜靜躺在看來軟綿綿的白磁磚地板上，尋夢去也。

他並未躺下，而硬撐著胃，煞有介事地啜飲著啤酒，漸漸地又吞了兩打牡蠣。

那晚大約六點半，這位二十二歲的瘦小男子，生平頭一回看來比實際年齡蒼老，他慢慢吞吞、搖搖晃晃地爬上哈佛還是哪所大學俱樂部的台階。他明白了，張三李四那些狐群狗黨，竟出賣了他，真叫他心寒，以致這會兒他腦子裏已沒有粉嫩的肌膚、蜜色的玉腿之類的影像。是的，他被出賣了……謝天謝地。

他莊重地想著，床。他需要的是床……單人的床。我仍舊是個男子漢，他帶著最後一絲的男子氣概如是思忖……儘管吃了那些可惡的貝類，我仍是個男子漢……

他挺起胸膛，差一點跌了個狗吃屎，壓到憔悴且灰白如牡蠣的臉。

「先生，請這兒來，這兒來。」門房叨叨地說，多少有點擔心自個兒又得像個父親哄孩子似的照顧客人。「先生，不是這裏。您跟著我來就是了。」

他發揮老練的技巧，以動人且誘人的姿態，伸出手，攙扶那位瘦小的男子的臂膀，兩人便一同紆迴地走向舒適的躺椅。

吾國，獻給汝

「牡蠣雞尾醬是雞尾酒，不是嗎？就像馬丁尼？可是它們一起被列在酒單上……何況，印都印了，幹嘛費事去改呀？」

——墨西哥餐廳領班

餐廳裏國籍混淆不清的狀況，有時恐怖得令人心驚膽跳，有時則徹底瘋狂好笑，它會造成何種效果，端視用餐者的胃口和心情而定。我曾經在瑞士一家西班牙小館裏，看到三個英國人一邊大啖阿爾及利亞庫斯庫斯（注），一邊牛飲一種特濃特甜的匈牙利甜葡萄酒（Toaky Aszu），雖然這種味道組合基本上滿可怕的，但是由於他們當時心情甚佳，因此仍然吃得暢快。環顧他們周遭的西班牙難民，吃著用家鄉馬德里產的橄欖油燒的野兔肉，啜飲盛裝於普通長頸酒

注：Algerian CousCous，北非一種蒸粗麥粉食品，食用時通常加肉和蔬菜。

樽中的稀薄西班牙紅酒，個個也都吃得津津有味。

一般來講，吃俄國菜的時候，配俄國人會拿來佐餐的酒……或相去不遠的飲料，再好也不過。用伏特加佐魚子醬很不錯，但要是沒有伏特加（卻有魚子醬，眼下似乎不大可能會有這種情形），來杯不甜的琴酒，也差強人意。

同樣的，到辛普森餐廳吃牛排，佐以深色啤酒也挺相宜。倘若你此刻所處之地，遠離倫敦市中心的強硬派大本營，絕不會受到那種只會堅持己見卻不顧餐桌樂趣的作風干擾，那麼不論你是在康乃迪克州的漢堡店也好，還是在加州的得來速餐廳也罷，都大可喝上一杯本地釀造的好啤酒，吃片烤牛肉，享受一下。

普天下差不多都見得到牡蠣，據我所知，世上說不定沒有其他的菜色，能像牡蠣這樣，幾乎配什麼飲料都行，且真的有人這樣隨意搭配吃喝……形成的後果，往往也不會那麼淒慘可怕。牡蠣能適應各種涼爽溫和的氣候，所以吃牡蠣時，有人愛佐以葡萄酒，有人愛喝啤酒，還有人偏嗜發酵的白脫奶。人人各得其所，誰也沒有錯。

當然，愛國精神永存人間，因此法國人要是看到你吃藍灰殼、黑鰓的葡萄牙種牡蠣時，佐餐飲料竟然不是葡萄酒，簡直會難受得要命。同樣的，法國人也無法想像竟有人把牡蠣煮熟了吃。差不多每顆高盧心靈當中，都有一股強烈的情感，促使他們以為，烹煮牡蠣實乃罪大惡極，故而連很有聲望的美食家，比方保羅・雷布，若寫到需要烹燒的牡蠣食譜，在食譜前都得附上一段半哄半騙的甜言蜜語。「我了解，」他在他的著作《每日特餐》中〈烤牡蠣〉食譜一開頭便寫道：「閣下並不太欣賞熟牡蠣。不過……您不妨屈就一下，試試下面這個食譜。」

法國人認為，葡萄牙種牡蠣和較罕見的歐洲牡蠣（Ostrea

edulis），有一種食用法，且僅此一種……因此他多少堅決地以為，世上其他各種牡蠣，也應以同法食之。應在寒冷的月分，於戶外的氣溫中，撬開事先絕不可經過冰藏的牡蠣，隨即將牡蠣肉自粗糙且形狀不規則的殼中挖出，如此一來，牡蠣的黑鰓因受到周遭空氣的振盪，會微微顫動、抖縮。牡蠣宜吞食，但是吞的速度不能太快，接著喝它鹹鹹的、可口的汁，應就著殼，一口喝下。那汁的氣味比世間其他食物，都來得像退潮以後留在岩岸上的水潭。然後，再過來當然得吃上一兩口塗了牛油的黑麵包，這樣更能刺激味蕾……接著下來，當然，當然，得喝上一口上好的白葡萄酒。

如果要用葡萄酒來搭配此一冬令佳餚，最安全的選擇大概是品質好的夏布利白酒（Chablis）。這種酒耐得起長途運送，只要酒溫與牡蠣相同，那麼不論它是瓦爾穆（Valmur）酒莊出產的最上等瓶裝佳釀，還是裝在酒樽裏、名稱可疑的「夏布利村莊」酒都很好。

另一方面，我在法國吃牡蠣時，也曾佐以普依芙伊賽白酒（Pouilly-Fuisse）、各種不甜的香檳、粉紅的洋蔥啤酒（Peau d'Onion），論瓶賣或論杯供應的安茹（Anjou）葡萄酒，管它喝法正確於否，我都喝得醺醺然。除了我快活的五臟六腑和愉悅的心，沒有人知道我已醉了，而我的身心則體會到不折不扣的美食經驗。

在英格蘭，沿海地區又肥又圓的牡蠣，就該配啤酒。當令時節，每家小酒館都建議客人嚐嚐自家釀製的啤酒。此外，佐以雪莉酒當然也不會出錯。

不列顛子民對自家啤酒如此忠誠，一部分是因為葡萄酒太貴了，不過我懷疑，大多數英國人之所以堅稱，除了啤酒之外，其他的酒都會抹煞了英國名產牡蠣的美味，和一絲的愛國精神也有關係。我自己呢，曾在利物浦一家小館子裏，就著品質不錯、價錢也不貴的德國符茲堡白酒，吃我的牡蠣；小館內其他客人一邊大啖牡蠣，一邊喝著健力士啤酒，並且不時竊竊私語，對我品頭論足。不消說，我也曾夥同英國朋友，用健力士來佐牡蠣，並至少曾暫時同意，不列顛子民自有他們的道理——我指的是，他們的牡蠣果真好吃。

在我們自己的家鄉，我們高興喝什麼，就喝什麼，不過搭配出來的效果，有時不像歐洲人那麼幸運。後者較受習俗左右，菜該怎麼吃、怎麼燒，都有一定的規矩。據我所知，有位老美有一回在倫敦一家小酒館裏，居然先喝了三杯威士忌，才吃一盤冰涼的生牡蠣，讓整間酒館裏的人又驚又怕，一時之間竟說不出話來。每個人都瞧著他，生怕他說時遲那時快便會倒地不起、不醒人事，或是全身皮膚發青。他離開的時候，女侍還請一位警察護送他一路回到旅館，只因她堅信，烈酒會把他肚子裏的牡蠣，變成某種有毒的橡皮。

不幸的是，這一類的疑慮差不多總會成真。因此，在這可憐的貝類還沒機會開口抗議前，或尚未搞清楚自己即將被人吞下肚前，便將它們煮熟了，這種做法真的太愚蠢了。另外還有個理由，在美學上說不定更具重要性，那就是，像威士忌、琴酒或白蘭地之類的烈酒，多少都會讓人類味蕾的表層變得麻木，因此，在理論上，假如他在吞下牡蠣前，先喝了烈酒，那麼還不如去吃軟焦油或蛋白算了，反正味蕾上的感受是一模一樣的。

不過，在我國，一般在用餐前，還是習慣先來杯雞尾酒，坐在牡蠣吧前等待師傅開殼時，往往也會快快地喝上一兩杯。我們照舊飲酒，照舊每年吃掉數以百萬計的牡蠣……乖謬的是，我們照舊愛在吃牡蠣前，喝雞尾酒，熱愛的程度不亞於法國人愛他們的白葡萄酒、英國人愛他們的啤酒。

我們可以並且常喝加州產的上好白葡萄酒或淡啤酒，因為我們說不定是世上胸襟最不狹隘的老饕。不過，大多數時候，我們不拘習俗，想幹嘛便幹嘛，於是倒上一杯上好烈酒，先喝下肚，才開始享用那最最細膩的食物——牡蠣。我們依舊安然活著，還能向人說嘴。

濃如蝗蟲

最好的一種，無非是影子……

——《仲夏夜之夢》，莎士比亞

巴黎的書店這幾十年來出現了許多頁數單薄、文筆機智而浮誇的小書，其中有一本叫做《饕餮頌辭》（*Eloge de la Gourmandise*），作者尚路易・渥朵耶（Jean-Louis Vaudoyer）在書中說，有一回，他注意到一位女士享用美食的情景。

她吃得很慢，細細地品嚐，充分享受味覺之樂，終於不得不吃下最後一口時，長嘆一聲：「啊……可惜我沒有小小的味蕾，一路長到我胃的底部！」

聽在苦修禁慾的人耳裏，如此一聲喟嘆可說粗俗之至，這一部分是因為，說話的是位女性，另一部分則是因為，他根本無法理解這種直截了當的飲食之樂。他壓根兒不懂得餐桌上的樂趣，故而對熱愛口腹之樂者有所懷疑，而按照他自己的道理，他說不定懷疑得對。

然而，對吃了以後還會加以思考的人來講……他們不僅僅是把東西消化了，並且記住這件事，而是吃了、消化了，而後思考……渥朵耶之友那一番明顯訴諸感官的感嘆，不但是可以理解的，而且非常有智慧。

差不多人人都記得自己曾有幾次亦如此激動，在感官知覺與語彙產生交集的情況下，衝口說出對某一個味道或某一道菜的感想，遣詞用句甚至嚇人一跳。後來，當他回憶當時情景時，心中會想：「那是我這輩子吃過最好吃的蜜瓜、雉雞或香腸。」他是衷心如此以為。

某一樣食物之所以那麼特別，往往受時空因素左右，影響甚至大過食物本身。渥朵耶在書中並未交代，他的朋友是在何時作了這番史詩般的感嘆，原因又何在。不過，我們不難想像她是一位體形略微豐腴的美女，有著黝黑的雙瞳和線條纖美的手腕，她會在夏日午後淋漓歡愛一場以後，狼吞虎嚥卻不失優雅地吃著一顆熟透的蜜桃。如此簡單，如此令人心曠神怡……

同樣的道理，你會回想起來，曾在德拉瓦州南部一間小酒吧裏，聽到一位老漁夫以極其鄭重的語氣對在場眾人說：「天啊！那真是我這一世人吃過最好吃的蝦子。」你不由得納悶，他是什麼樣的人，過著什麼樣的生活，捕蝦網是什麼模樣，而他吃下自家漁獲的那一天又是何等情景。

加州有位男士，曾與喬治・史特林（注①）、傑克・倫敦（注②）

注①：Geogle Sterling，一八七六—一九一六年，美國探險與科幻小說家。
注②：Jack London，一八六九—一九二六年，美國詩人。生前與史特林為至友，兩人皆為美國文壇上極具影響力的作家。

之類地位崇高、直比神祇的人物交遊往來，如今在西岸文藝青年的心目中，他難免也已成為如同其故友一般的神話人物。他常辦所謂的晚會，有些心腸惡毒的人，對此位在晚會上不時發出他著名的爆笑聲、妙語如珠的男士，不加掩飾地表示懷疑，並批評說，在數年以前尚可形容為具有波希米亞風味的這類晚會，除了有大量的波本威士忌，其他就只有一大堆老掉牙的陳腐故事和笑話。儘管如此，他並不遜於任何驍勇的幽靈，每當他暫時擺脫那些崇拜他、像蚊蚋一般嗡嗡地圍在他身邊的大學生，得以獨處片刻時，他的聲音會變得比較低沈，整張臉垮下來，自言自語地講起往日時光。

「吊鎮煎蛋捲。」他動不動就會以溫柔但實事求是的語氣說：

「吊鎮煎蛋捲！」

接著就沒有下文了，你領悟到，他就算是喝多了，不很清醒，但是至少他並不是在開玩笑，你遂開口問：「那又怎麼樣呢？」

「問我吊鎮煎蛋捲怎麼樣？你難道不知道嗎？你還膽敢自稱是舊金山人哪！告訴你，那可是給鄙俗之流者吃的最棒的食物，要嘛在你一大早起來，準備開始幹一天的粗活，心裏還直納悶自己何苦來哉的那當兒吃，要嘛就是到了晚上，同你的姑娘一道兒好好地享用……告訴你，吊鎮煎蛋捲哪……我記得有一回……」

於是，在他長久以來一直在扮演的那個角色，又掩蓋住他真實的自我之前，在他抹去自己的輪廓，又搖身一變為大學生崇拜的對象之前，有那麼幾分鐘或幾秒鐘，你看到這位重聽又迷惘的大塊頭老人昔日的身形，曾有一晚，他在渡輪大樓附近，吃著吊——鎮——煎——蛋——捲……

要是他當年去的那家啤酒館，一如當年同類的小店，也有位像樣的中國廚子，那麼他吃到的，就是接下來的這道菜。你一輩子也無法明白，他為何會覺得這是世上最美味的食物，不過這個食譜的確不錯。而你個人所擁有的較直接的樂趣，比方有天晚上同一兩位好友，共享暖鍋菜色，其樂融融，在那當兒，也無需受到他私密的感官愉悅所影響。

§吊鎮煎蛋捲（摘自《日落烹飪大全》）

瀝去2打中等大小的加州東部牡蠣的汁液，拍乾，用鹽和胡椒調味，接著先滾上麵粉，再過一道蛋汁，最後滾一層白麵包屑，放進燒著融化牛油的熱煎鍋裏，先把一面煎炸至金黃，還沒將牡蠣翻面前，把4、5個雞蛋稍微打散了，倒進鍋裏，煎個1分鐘，接著翻面繼續煎，煎到變成理想中的顏色。整道菜看來會像是混有牡蠣的煎蛋。食用吊鎮煎蛋捲時，附上2、3小條煎黃的早餐香腸和細長的炸薯條。

另一位名叫鮑伯．戴維斯的男士，以語氣前後連貫的狂熱字句，描繪「有空下廚，並以下廚為傲的少數剛勇無畏之士」，他在阿米塔吉的《御膳》中，短短卻清楚地敘述長島馬瑟裴瓜沼澤區一位村民的家，戴維斯在一個清冷的秋日下午，夥同某人到那一帶去獵鴨。

「那家的太太問我們喜不喜歡吃洋蔥……『喜歡』……喜不喜歡吃牡蠣……『喜歡』……她轉身便走，進到廚房。過了一刻鐘，我們的橡膠靴在餐桌底下，雙肘在桌面上，沒體統，但是東西真是好吃。我將食譜收存妥當，如下：」

（戴維斯先生的食譜，出手奢侈而大方，慷慨的程度似不亞於某些最豪氣的食譜，它們讓人不由得慨嘆：「那可真是我輩子吃過最美味的東西了……」。）

§洋蔥牡蠣

將小的白洋蔥切片，分量需足以鋪滿長柄煎鍋的底部，並高達1吋。將半品脫的牡蠣汁澆在洋蔥片上，加熱，使汁保持微滾，直到洋蔥變透明。加進胡椒、鹽和1大匙牛油，煮到牛油融化。在洋蔥面上密匝匝地鋪滿藍點牡蠣……約40個……不蓋鍋蓋煮個5分鐘，接者蓋上鍋蓋煮到牡蠣開始皺縮。用煎餅鏟子把洋蔥牡蠣鏟到已鋪了烤吐司的盤上，小心勿破壞原本的層次……在天色即將破曉的灰暗時刻，沒有什麼別的，能比這道菜，更讓佯裝振作的獵鴨人精神煥發、勇往直前。

這當然是一己之見。我還曉得另一個例子，有個人和另一個少年，有一回駕船遇到暴風雨，而到了契沙比克灣一個不比鈕釦孔大多少的小港灣裏，躲避咆哮不已的狂風，等待灰暗黎明的到來。

他們一夜無語，隨著小船搖來晃去，風在他們的上方哀叫個不停。到了早上，他們發覺小船正漂流在牡蠣床上方，此情此景恍若夢境。

他們脫掉衣服，潛進恢復平靜的海裏，撈出比他們的手掌還大的牡蠣，在清涼蒼灰的曙色中，他們坐在那兒，敲開殼，吸吮殼內質地紮實的牡蠣。每當其中一位少年吃光了他的份，便會潛下水去，再多撈一些，他們吃著、潛進海中、再吃著，前一晚的艱辛和所有潛藏的恐懼，皆已煙消雲散，他們渾身赤條條，好似剛從逐漸亮起的天光中誕生。

呼地一聲射進船艙壁的子彈，劃下故事的尾聲，因為他們那會兒正從著名的私有牡蠣場裏，竊取整個大西洋岸最美味可口的牡蠣品種。他們簡直嚇壞了，警衛看他們可憐，放了他們，兩個少年遂帶著滿肚子終生嚐過的最上乘早餐，航回海灣，他們已添了智慧，少了憂傷。